1%法则

庄迪 —— 著

花山文艺出版社

河北·石家庄

图书在版编目（CIP）数据

1%法则 / 庄迪著． -- 石家庄：花山文艺出版社，2025．1． -- ISBN 978-7-5511-7676-7

Ⅰ．B848.4-49

中国国家版本馆CIP数据核字第2024QV7023号

书　　名：	**1%法则**
	1% FAZE
著　　者：	庄　迪

责任编辑：王安迪　顾子璇
美术编辑：王爱芹
封面设计：李爱雪
排版设计：刘　艳
出版发行：花山文艺出版社（邮政编码：050061）
　　　　　（河北省石家庄市友谊北大街330号）
销售热线：0311-88643299/96/17
印　　刷：北京天恒嘉业印刷有限公司
经　　销：新华书店
开　　本：880毫米×1230毫米　1/32
印　　张：8.25
字　　数：186千字
版　　次：2025年1月第1版
　　　　　2025年1月第1次印刷
书　　号：ISBN 978-7-5511-7676-7
定　　价：66.00元

（版权所有　翻印必究·印装有误　负责调换）

前言
PREFACE

这本书可以说是我的一本提炼版日记。

我十三年的创业道路充满了酸甜苦辣咸,五味杂陈。我不鼓励每位女性都成为什么"大女主",毕竟并非人人都是全能的"六边形战士"。但是,我从三十三岁之前的人生经历中发现,只要我做出1%的关键性改变,另外那99%的努力都会有所收获。我也更加笃定,女性的人生脚本是可以通过后期的"设计"来改写的。

我在二十多岁创业时,情绪不稳定,极其暴躁。后来研究了心理学,我才知道这是内心的自卑感在作祟。我发现人一旦成为情绪的奴隶,就会陷入无止境的精神内耗,幸福指数降低,人际关系和财运变差。于是我逐渐刻意地去控制自己不发脾气。刚开始总是控制不好,慢慢地通过钻研心理学,才能科学地利用一些之前没太在意的小方法,通过日积月累形成肌肉记忆,终于让自己成为能够掌控情绪的人。

二十四岁我刚到杭州发展时,穿着打扮土里土气,出去交流学习时都不敢做"自我推销",无论走到哪个圈子，都是扮演小透明的角色。那时我非常需要资源和业务机会，所以觉得很无助，但内心一直有一颗小火苗在燃烧。我希望改变，希望学习演讲，希望成为一颗耀眼的星星，让别人关注到我。作为一名普通的创业者，我知道"当你成为强者，就会不缺机会、不缺资源"，但同时又觉得这句话很空洞。你不能只停留在对强大的想象阶段，而应考虑如何才能变得强大。

于是我从二十四岁那年开始，疯狂地学习演讲，直到把即兴演讲力刻在骨子里。慢慢地，这项本领才真正让我获得成果。2015年7月5日，我拿到了三百五十万的天使轮投资款；2017年，我又拿到了两千万的融资。

在资金上获得丰收之后，我进一步发现需要提高领导力和商业格局。在后来的三年，我拜访了国内外四十六位企业家，花了近六百万学费去向各领域的专业人士学习。令我大开眼界的是，自己的很多想法被一些大公司某个部门三五个人的团队干出了特别漂亮的成绩。这时我意识到，与其过分地追求"完美方法"和"完美视野"，不如实打实地将我的所见所学运用到事业中，将一些心得体会以最接地气、最有共鸣的方法分享给需要帮助的女性们。

于是在2018年，我下定决心此生做一个教育者，用自己的所学所悟帮助更多女性找到真实的自己，用切实的方法拿到人生的结果。我自身的这一系列的经历让我真实地体会到：女性的人生脚本是可以改写的。

心理学上的1%法则，是指$1.01^{365} = 37.8$，$0.99^{365} = 0.03$。

前言

每天选择进步一点点还是退步一点点，一年后你与你的差距将不是三十七倍，而是一千二百六十倍！所以不要小看微小努力的总和。

我将这1%法则拆分为1%情绪力、1%表达力、1%领导力、1%商业力、1%幸福力、1%清醒力六个维度。

1%情绪力，帮助敏感的你管理情绪，成为自己的主人。

1%表达力，帮助你有效沟通，促成交易，将路越走越宽。

1%领导力，帮助你建立职场威信，不畏向前一步。

1%商业力，帮助你思考个人事业，养成吸金体质。

1%幸福力，帮助你提升婚姻和家庭质量，让好运源源不断。

1%清醒力，帮助你不盲目从众，用有限的人生时间去实现最大的意义。

最后，希望你能勇敢而自信地成为自己想成为的人，温柔而坚定地掌好职业和家庭的船舵，优雅而清醒地管理好财富、精力和人缘，成为人人欣赏的女人！

庄迪

2024年6月

目 录
CONTENTS

1% 情绪力
从敏感到钝感

为什么女性更容易情绪失控?
003

为什么你会成为情绪的奴隶?
012

为什么你缺乏安全感?
021

为什么你不能放下错的人?
029

为什么记性太好容易痛苦?
038

1% 表达力
从共鸣到共识

为什么要学习演讲?
047

高效表达法:金字塔原理
056

高效表达法:强化你的逻辑
064

同频表达法:润物细无声
072

同频表达法:四两拨千斤
078

非语言表达法
083

法则 3

1% 领导力
从韧性到威信

为什么有的女性做决策优柔寡断？
091

为什么女性做大事业很难？
099

女性如何建立职场威信？
107

新时代女性领袖的七大原则
116

如何做好家庭的精神领袖？
125

法则 4

1% 商业力
从初创到共创

创业需要哪些准备？
137

产品和品牌如何提升核心竞争力？
145

创业找怎样的合伙人？
154

女性 IP 如何有效变现？
160

如何玩转私域社群？
169

1% 幸福力
从自爱到博爱

如何成为人人欣赏的女人？
181

自我疗愈原生家庭带来的伤痛
188

建立正确的婚姻观
197

女人贵气的七个原则
208

提升幸福感的八件小事
217

法则 6

1% 清醒力
从抉择到负责

不喝酒的社交
227

情商比蛮干更重要
229

先买车还是先买房
233

父亲过世教会我成长
236

死亡教育是为了活得更好
241

附录
245

法则 1

1% 情绪力
从敏感到钝感

什么是受害者思维、恐怖化思维?

你是否总是缺乏安全感?

为什么你会在错误的脚本中单曲循环?

你会为记性太好痛苦,还是记性太差焦虑?

为什么女性更容易情绪失控？

人的情绪有喜、怒、哀、惧，就像春、夏、秋、冬四季。它们轮转交替，自然地影响着每天的工作和生活。你是否会常常陷入气愤、悲伤、失望、焦虑的泥潭中？消极情绪如果不能及时疏导，轻则败坏情志，重则让人走向绝路。

你对自己的情绪小宇宙足够了解吗？只有了解情绪，成为自己的导航员，才能让情绪大家族带领你乘风破浪。我们从本节开始学习情绪力，每天提升1%情绪力，整理好凌乱茫然的心态，与各种情绪和谐相处，让它成为你工作和生活的有效助力。

无论是找工作伙伴，还是人生伴侣，情绪稳定的人给人以安全感，他们如同大海中温暖又恒定的灯塔。你是不是一个容易情绪失控的人？你身边有没有这样的人？

容易情绪失控者的特点

我根据过往十几年来与形形色色的人打交道的经验,总结出了容易情绪失控的人的四个特点。

1. 自我意识过强

人的自我意识越强,就越可能发怒,越想掌控这个世界。世界从来不是某一个人能够掌控的,于是他会情绪失控。如果一个家庭的大家长自我意识过强,那么家庭成员往往不得安宁。他的子孙后代也容易产生自我意识强烈的惯性思维,因为他们没有学习到如何控制情绪,受到伤害后的第一反应就是把情绪发泄出来。

我曾经有一个合作伙伴,他在工作上非常高效,执行力强且喜欢掌控全场,是很典型的自我意识很强的人。但事情的发展往往不尽如人意,在执行的过程中会出现各种小插曲,有时候会超出他的掌控范围。于是他经常对员工发脾气,即使员工没有偷懒,也解决了出现的意外情况,仍会被他训斥一通,因此员工们非常委屈。自我意识过强的人会给他人带来不愉快,如果能改变思维方式,就不会经常情绪失控了。

2. 自卑

自卑的人对自己的认识不足,所以会过分在意别人的想法。他们心理敏感、脆弱，在生活中急躁情绪不断，总是沉浸在自我悲情中。稍微刺激一下，他们就会暴跳如雷，甚至做出极端的事情。很多恶性社会事件的当事人，都因为自卑而产生了变态心理，最终导致悲剧发生。

3. 追求完美

追求完美的人总有过高的标准，并用绝对的道德准绳来衡量所有人、所有事。如果别人达不到他们的期望，他们就会愤怒，放大人性的缺点和弱点。请记住，人性中所有美好的特质、道德的情操应该用于要求自己，而不是衡量别人。每个人的心中都有一杆秤，如果只用自己的标准去衡量别人或世界，必然会得到失望。打个比方，老鼠拿走人类的粮食填饱肚子，这叫"坏"；人类拿走蜜蜂辛勤劳作的果实，却叫"理所应当"。这充分说明了我们常常只看到了自己想看到的世界。

你需要理解人性：不要自以为只有你是对的，不要什么事都计较对错，不要上纲上线地对别人进行道德绑架，不要拿自己的价值观为难别人。没有谁的做事风格是"标准"的，如果你按照自己的"标准"去要求别人，只会气坏自己，并且遭到别人的怨恨和报复，这是十分愚蠢的。

不妨把心胸放大一些，不仅装得下自己，还容得下众生，懂得每个人都有其人生轨迹、家庭背景、生活经历以及苦衷。这样你不但可以控制住情绪，也会变得更加智慧和受人尊重。人活着就要理解人性，给自己多修路、少砌墙。

4. 处于人生低位

当你处于人生低谷时,会把遇到的种种问题放大。因为你的站位很低,看到的所有事情都是了不起的事,甚至别人开车加塞都会让你非常生气。

同一件事情,不同的人会有不同的反应。在遭遇不公的对待时,性情开朗和心胸开阔的人会一笑了之,将伤害降至最低;性格敏感和心胸狭隘的人则会情绪失控,拔高了所受的伤害,认为全世界都欠他的,必须有东西来弥补自己的损失。

女性容易情绪失控的原因

1. 男女的激素水平有差异

男性体内的雄激素(如睾酮)在成年后通常维持相对稳定的分泌节律,波动幅度较小。而女性体内的雌激素、孕酮等性激素会呈现周期性剧烈波动。德国医学博士希拉·德利兹在《身体由我》一书中提到,女性的雌激素、孕激素通过调节下丘脑-垂体-性腺轴,影响5-羟色胺、多巴胺等神经递质的合成,从而导致疲倦、易怒、烦躁、抑郁等各种情绪。这也是很多女性在经期、孕期或更年期变得情绪起伏不定的原因。"喜怒无常"的生化基础常常是激素的变化。

2. 女性更敏感

由于脑区的差异和后天受到的教育的影响，女性的感觉往往比男性的更加敏锐。女性在身体语言和表情的识别方面比男性强很多，比如，女性在识别眼神、声调、身体姿势等非语言信息上具有优势。这种敏感会让女性在生活中更好地领会周围人的情绪，更容易共情的同时，也更容易情绪化。

3. 过多的压力

女性的情绪压力主要来源于三方面。

（1）家庭

包括原生家庭和新生家庭。来自家人的矛盾，未调和的代际期望和生活观念差异等。

（2）事业

过去人们说"女人能顶半边天"，但现在女人要顶的已不只是半边天了。职场上，来自人际交往的压力越来越大，如果自己创业还要经历九九八十一难，情绪随时可能失控。

（3）生活

女性需要在家庭、事业、生活三者之间不断周旋，平衡这三方之间的关系，肯定是容易精疲力竭的。

我看过这样一则新闻：一名女子疑似骑电动车违章，被交警拦下，但她不愿配合执法，情绪失控。她在崩溃之下，声嘶力竭地喊出了现在很多人的心声："我已经连着加了半个月的班了，今天饭都没吃，我容易吗？我在这个城市里活着容易吗？！"虽然任何原因都不是违章的理由，但我们还是不免为这个场景动容。事发时天色已经很晚了，女子骑着电动车行色匆匆，顾不上吃一口晚饭。她是一位外地来沪的底层打工者，说不定正在为生计奔忙，承受着巨大的压力。在上海，像这样的外来务工者有很多，他们必须学会精打细算，房子或许与人合租，吃饭或许与人搭伙，社交最多是散步，兴趣最多是看书，交通最多是公交。在这种重压之下，女性也很容易情绪失控。

控制情绪的八个方法

有情绪并不可怕，经常被情绪左右的状态也可以得到调整。如果你发现自己容易情绪激动上头，可以尝试以下这八个方法：

1. 深呼吸

停下手头在做的事情，反复深呼吸，持续一分钟。当你的情绪已经特别激动，但还需要处理一些事务时，就可以这样做。这个方法适用于很多场景：在面试或当众讲话时，可以缓解紧张情绪；在和爱人、同事产生矛盾时，可以缓解愤怒情绪；在工作没有头绪时，可以缓解焦躁情绪。重要关头用这种方式逼自己冷静下来，至少不会影响当下的境况，也不会因为脱口而出的一句话毁了一段关系。你会发现，当负面情绪停留一分钟以后，想要爆发的欲望就会减少很多。

2. 正确表达情绪

当你感到被冒犯时，请平静地和对方说："不好意思，你刚才说的话让我很不舒服。"这个威慑力已经足够让对方闭嘴了。有个巧妙的比喻是想象自己是一头狮子，被一只比你小的动物冒犯了。你需要把不满合理地表达出来，既不能忍气吞声，也不能直接用言语攻击对方。如果忍气吞声，当时事情过去了，等你复盘时会后悔自己为什么没有及时怼回去，便带来另一种负面情绪；如果直接用言语攻击对方，则会陷入恶性循环——产生坏情绪，用语言攻击别人，双方产生敌对心理，坏情绪更大——最终闹到无法收场。所以，女人不应该生气，而应该把不满情绪合理地表达出来。

3. 书写情绪，自我对话

当你察觉到自己的情绪变得糟糕时，把这些坏情绪写下来并和自己对话也是一种有效的排解方式。文字可以治愈人的心灵，所以书写的过程也是梳理情绪的过程。在书写时，你可以内省这几点：是什么事情导致你产生了情绪？这件事情难以解决吗？复盘这件事情，你想到什么样的解决方式？如果再发生类似的事情你要怎么做？

你对自己的情绪分析得越透彻，对情绪的掌控力就越强，再遇到同类型的情绪问题就不至于手足无措、伤人伤己了。此外，书写的方式可以是手写，也可以利用电子设备。现在有很多笔记类App，它们可以实时同步消息，比在纸上记录方便很多。

4. 去安静的地方

离开搅扰你情绪的人群,将自己和想要发脾气的对象暂时隔绝开来。你可以去安静的房间、无人的角落、陌生的街道,或者洗手间。我建议去洗手间,洗洗手,照照镜子。水流的声音可以帮助人放松心情,重归冷静;镜子能让人审视自己,让你知道控制不住情绪的样子有多糟糕。你可以朝镜子中的自己做几个鼓励性的动作,如微笑。

5. 运动

运动的时候,我们大脑会分泌一些可以支配心理和行为的物质。其中有一种叫作"内啡肽",也被科学家称为"快乐素"之一。它可以作用于人体,让人产生快乐的感觉。比如,你在愤怒的时候可以练拳,在压力大的时候可以做瑜伽,在抑郁的时候可以慢跑,在悲伤的时候可以游泳。不过,情绪不佳时不宜剧烈运动,最好以舒缓型运动为主。

6. 把期待化为行动

如果你是一个容易被情绪影响的人,就要使自己的内心和能力强大起来,降低对周围的人和事物的期待,并将焦虑的对象具象化。"行动是打败焦虑的最好武器。"请用行动代替焦虑,找到焦虑的导火索并针对性地做出改变。比如,你焦虑自己头脑空空,那就多去读书、看世界;焦虑身材不够好,那就去健身运动。

7. 保持钝感

保持钝感也是控制情绪的重要方法。人生在世,如果什么事情都在意,会活得非常累。你可以尝试把所有在乎的人和事都写在一张白纸上,然后一条一条画掉自己无能为力的,只留下最在意且能改变的那一小部分,这样可以减少负面情绪。你还可以关掉手机中大部分不重要的消息提醒,切断没有必要的信息输入,从而减少很多情绪包袱。

8. 多与情绪稳定的人相处

多结交一些情绪稳定的朋友,交流控制情绪的方法,而远离那些让你情绪波动大的人。慢慢地你会得到潜移默化的改变,变成能够控制情绪的人。简化自己的朋友圈,不要试图回应所有人,拒绝感情用事。

> 很多时候,"情绪化"被人们视作贬义词。仿佛情绪化的人总是阴晴不定,像一座随时爆发的火山。在心理学中,"情绪化"被解释为雌性激素分泌过高,带来多愁善感等情绪体验。情绪化让女性具有更敏锐的感受和同理心,更善于观察环境、关注孩子的需求、解读伴侣的心意。所以,情绪化并非总是坏事。
>
> 每一次情绪化都可以是一次自我成长。当这些郁结在心底的压力得到释放,你才能仔细梳理和排解它们,获得真正的放松和平静。

为什么你会成为情绪的奴隶？

每个人都渴望远离伤心的事情，过上幸福、快乐的生活。然而，到底是什么让你不快乐？

有一样东西虽然看不见、摸不着，但一直主宰着我们的行为和生活，那就是情绪。情绪像人的影子一样，无处不在地影响着我们，甚至让人成为它的奴隶。

什么样的人容易变成情绪的奴隶，而不是主人？我发现情绪失控者习惯于以下四种思维模式。

情绪失控者的四种思维模式

1. 受害者思维

"受害者思维"是外界一直在掌控他的情绪，是别人导致他现在的状态。例如，他情绪暴躁是因为老板对他发火，或孩子不听话，或着急去办事时却遇上堵车，等等。他们每当碰到不利的外界条件，就会心情低落一整天甚至更久，我们称之为"受害者"。

受害者习惯于将痛苦和快乐放在别人的手上，有时是家人，有时是朋友，有时是上司，有时是过去的自己。受害者常用这样的表达方式："我如果早知道……才不会……""现在已经这样了，我只能……""如果不是因为他，我一定会……"他们总是生活在让自己舒服的自怜状态，却失去了掌控生活的机会和可能性。所以，深陷于受害者思维的人往往会成为情绪的奴隶。

2. 恐怖化思维

"恐怖化思维"是将任何事情想象得非常严重，一直担心、害怕，习惯性地认为事情会往糟糕的方向发展。举两个生活中常见的例子。当恐怖化思维模式的女性和爱人的关系比较紧张，一说话就吵架时，她会反复怀疑："他是不是不爱我了？他是不是出轨了？以前可不是这样的。"又如，当这样的人去参加面试时，还没到面试现场就开始打退堂鼓："万一我回答不上他们的问题怎么办？万一我不够格怎么办？"

恐怖化思维模式的人常用这样的句式："万一……我该怎么办？""当……时，我就死定了。"这种灾难性的思维方式会让他们对一切事物过度担心，从而变得敏感多疑，失去了理性判断，在交流中也容易焦虑、情绪化，慢慢地沦为情绪的奴隶。

3. 绝对化思维

"绝对化思维"是将事物划分为两个极端，非对即错，非黑即白，没有太多的灰色地带。绝对化思维模式的人的口头禅是"应该""必须"，总是"这件事情应该怎样"。常用的句式是："你应该……""我必须……""我们一定要……才可以"。他们对自己、对他人都有着刻板要求，考虑不到事物有细微差别或多样性，为人处世不会变通。

我们周围有很多绝对化思维模式的例子。在企业中，有些一言堂的领导经常说："你应该先做这个，再做那个，做不好明天就可以收拾东西走人。"领导的下属被"你应该"了一通，再对他的下属念"你应该"经，这就是"你应该"的涓滴理论。"你应该"的话语一直往下滴，直到底层的某个人回家踢了狗一脚，最后狗成了无助的出气筒。在家庭中，很多父母在教育孩子时也会使用"你应该"："你应该多让着弟弟和妹妹，你是老大，不应该这么自私。"人如果不停地被"应该化"狂轰滥炸，一定会陷入疯狂的自卑和自我苛责中，被这种非理性思维牵着鼻子走，最后也会变成情绪的奴隶。

4. 合理化思维

合理化思维与绝对化思维相反，倾向于把事情当成合情合理的。这种人常用的句式是："就这样吧，反正我也没办法。""我本来就是这样的，谁会在乎呢？"合理化是弱反应，是一种破罐子破摔的表现，也可以说是吃不到葡萄说葡萄酸。这种思维看似合情合理，实际上逃避了真正的问题，是内心软弱的表现。

接下来通过一个简单的例子，帮你快速识别自己是否有上述思维模式。场景是这样的：今天是你和你的老公结婚五周年的纪念日，往年纪念日他都会给你准备一份礼物，可这次没有。你会怎么想呢？

受害者思维模式的人会陷入伤春悲秋的情绪："我如果早知道他对我一年不如一年，当初就不会嫁给他了。"恐怖化思维的人会患得患失："他会不会喜欢上了别人？万一他过一阵子要和我离婚怎么办？"绝对化思维的人会愤怒："我为这份感情付出了这么多，他理所当然要关心我，必须要在这么重要的纪念日送我礼物。我今天说什么也要让他认识到自己的错误。"结果双方发脾气、吵架、冷战。合理化思维的人会选择蒙上自己的眼睛："我们已经结婚五年了，感情平淡也很正常，生活不都是这样的吗？就这样吧。"结果因为双方不沟通、不交流，关系越来越远。你如果对其中一种情况产生共鸣，那么已经走向成为情绪奴隶的路上了。

如何才能突破僵化的思维枷锁，摇身一变，成为情绪的主人，主宰你的生活呢？

情绪掌控者的两个方法

1. 正视情绪

"情绪降服于认识它的人。"当情绪来临时，你需要观察哪些需求没有被看见、被满足，才导致情绪产生，而不是一味地责怪情绪。否则，当情绪日积月累后，只会迎来更大的爆

发。只有了解自己的状态，才能知道怎么解决问题。但这并没有解决你的情绪，只是延迟其发作，像大脑里的一个警钟，在危险情绪出现的时候及时响起。

2. 识别情绪

在正视情绪的基础上，开始分辨情绪，或给它命名。例如，当你劳累了一天回到家，看见老公只会刷手机，一点儿家务都不分担，就想劈头盖脸地痛骂他一顿。这时你可以先思考这几个问题：你是因为老公刷手机而生气，还是因为身体太累了才觉得烦躁？是因为自己不能兼顾工作与生活而懊恼，还是因为对未来生活的不确定性而焦虑？你有没有哪里不舒服？通过反复地对自己发问，明确当下的情绪到底是什么，以及产生的原因。只有实实在在地搞懂了它，你才有可能转变它。如果你是因为老公刷手机而生气，那么要解决的是如何让老公意识到你需要被关注，需要他分担家务；如果是因为身体太累才烦躁，那么首先需要休息；如果是因为觉得自己不能兼顾工作与生活，那么应该先安抚自己。

破除有害思维模式的方法

1. 受害者思维

如果你经常陷入受害者思维，那么第一步需要转变思维，从受害者思维转变为掌控者思维。掌控者思维模式的人有一个奇妙的心智转化器，上面没有痛苦按钮，只有快乐按钮，而且按钮由自己掌控。他们的心智模式是："不管外界怎么样，我都有能力对自己的状况负责。"他们总能找到更好的解决方法。例如，老板发火时，他可以选择沟通或者离开；孩子不听话时，他可以选择教育他们或者调整自己的讲话方式；遇到堵车时，他可以选择下次错峰出行，或利用这个时间听听音乐或课程。

任何事物都有两面性，你对事物的看法决定了你的态度。对于看似苦恼的事情，换个角度看或许会有新的发现。

2. 恐怖化思维

如果你是经常陷入恐怖化思维的人，请牢记这五个方法：

（1）记录对比法

将所有让你担心、忧虑的事情写到一张纸上，然后放入一个抽屉里，过一个星期再打开，你会发现纸上75%～95%的事情都没有发生。也就是说，很多事情你不用天担心，因为根本不会发生。这个方法可以疏导你的情绪，让你得到自我疗愈。

（2）分心法

通过你喜欢的事情、物品转移注意力，比如，在胡思乱想的时候拼拼图、抄经文等。

（3）阻断法

通过身体的反应提醒自己，打断连续性忧虑。比如，在手上绑一根橡皮筋，通过橡皮筋回弹的力给你一个阻断提醒，把你带回现实世界。

（4）切换法

想象这件事情如果发生在别人身上，比如×××，他会怎样处理。通过切换角色和视角来重新构建一下你的思维。

（5）渺小法

当过于忧虑的时候，可以想象自己置身于大自然，在森林、高山、大海中。当你身处这些宽广辽阔的地方，就会觉得整个人心胸都开阔了，本来让你糟心、恐惧的事情也会变得渺小。

3. 绝对化思维

如果你是一个绝对化思维的人，"应该"和"必须"这两个词将会是你在生活中最常用的词汇，那么你要做的就是降低这两个词语的使用频率。比如，将"我这次帮了他一个大忙，他应该感谢我"改成"我这次帮了他一个忙，他可以感谢我，也可以不感谢我"或者"他感谢我，我接受；不感谢我，我也不怨他"，将"我必须成为一个优秀的老板"改成"我会努力学着成为一个优秀的老板"，以此来降低你的期许，释放情绪压力。"应该"和"必须"这两个词语的能量是固执的、僵化的，而接纳和允许的能量是柔软与流动的。尝试把绝对化的思维调整为相对化的思维，你会发现越来越能控制住自己的情绪。

4. 合理化思维

如果你是一个合理化思维的人，需要从逃避困难和责任转向面对。让之前消极的单项选择发展为多项选择,多想一想"我还可以……我还能够……"例如,当你的孩子沉迷于刷手机、玩网络游戏时,与其放任不管,不妨这样想:"当下的情况确实不令人满意,我的确很难受、生气,但可以在尊重孩子、尊重自己的前提下发泄情绪。在这之后,我可以多听听孩子的想法,还能在某些方面做一些调整,因为把这件事情改善是我和孩子的共同目标。"

成为情绪奴隶的人有一个共同点,就是没有活在当下。他们要么沉溺于过去的失败和伤痛中,总是走不出来;要么为过去取得的一点儿成绩而沾沾自喜,对未来充满焦虑,看不到前方的路。他们忽略了现在,没有好好珍惜身边的人,没有努力做好手中的事,错过了眼前的风景。有些人一边在办公室处理工作,一边牵挂着家里的老人和孩子,无法把精力聚焦于工作中;当他们回到家时,又考虑着没有完成的工作,无法轻松地陪伴家人、享受家庭的温馨。于是他们来来回回地感到身心疲惫。

当你感觉到心情散乱时,必须温柔而坚定地把自己的心带回来,带回"我正在做这个"的当下。事实上,反复忧虑已经发生和未发生的事是徒劳的,因为它们不会依照我们的想法而改变,我们唯一能把握的是自己的心。未来是由无数个当下组成的,错过当下,就没有未来可言。

 1% 法则

各种情绪犹如此起彼伏的火山,交替释放,在无形中影响着我们的生活。情绪管理是一项需要不断练习的技能。聪明的女人一定会管理好自己的情绪,做大脑的主人,做情绪的主人,掌握自己的幸福人生。

为什么你缺乏安全感?

缺乏安全感的人,在生活中容易陷入情绪旋涡,一点儿小事就可能令他火冒三丈。因为当他被情绪裹挟时,看问题会更负面、更极端。心理学家马斯洛认为,安全感是"一种从恐惧和焦虑中脱离出来的信心、安全和自由的感觉"。

安全感支撑我们的心理健康,左右我们的行为模式。拥有它的人生活满意度高,乐观、自信;缺乏它的人生活满意度低,焦虑、恐惧。

缺乏安全感的原因

如果你觉得自己是一个柔弱的女人,总是暗示自己,"我时时刻刻需要保护,需要男人让我依靠,男人应该为我的安全感负责",那么在亲密关系中感到不安全是必然的。因为你将安全感放在男人身上,而不是攥在自己手里的,当男人不受你

控制时，你就没有了安全感。从人类情感的角度来说，我们与他人生气最终都可以归结为对方的态度和我们的期望不符，从而催生出了情感失衡。也就是说，我们对爱和归属感的需要没有得到满足。

情绪旋涡或情绪雾霾，只是缺乏安全感的表现。如果进一步追问，你为什么会缺乏安全感？原因或许有两方面，一是来自原生家庭，二是来自后天的成长环境。

1. 原生家庭

原生家庭背景中，旧日的创伤或苛刻的养育者通常是造成个体成长过程中缺乏安全感的重要因素。这样的经历使我们认为自己不重要，不值得充分被爱，无论怎么努力都不够好。心理学家玛丽·安斯沃斯提出："亲子关系是人们最初的社会关系，影响着个体日后的人际交往。尤其是在生命的初期，生理需求能否及时得到满足，影响着个体对于外在世界与他人的信任感以及安全感的判断。"

原生家庭是个复杂的话题，养育者们因为各种原因，多多少少有忽视到孩子的地方，严重的甚至有伤害的地方。上一节中提到了情感易激者的四种思维模式，其实对应了心理学的依恋理论中的三种不安全型依恋：回避型依恋（难以进入亲密关系）、焦虑/矛盾型依恋（过度依赖亲密关系）、紊乱型依恋（对亲密关系同时表现出相反的态度）。这些不安全型依恋模式可能伴随人的一生，在他与亲近之人的交往中不断再现。

2. 后天环境

如果你的原生家庭非常幸福，但依然缺乏安全感，那么可能是在后天的成长环境中受过重要的伤害。也许你遇到了一个倾注全部心力去爱的人，他却辜负了你。情感创伤会作为负面记忆储存在我们的大脑深处，化作潜意识的一部分。当你再度进入亲密关系时，看到对方做出类似的动作，它就会像一把钥匙一样开启你的负面记忆和消极情绪的大门。比如，这位新的伴侣和其他异性说了一句话或者多看了他们一眼，你会变得异常敏感多疑，会质问对方为什么要这样做，甚至破口大骂，做出一些过激的行为，事后自己后悔、痛苦。

提升安全感的方法

如果你没有一个温暖的原生家庭，每天面对工作上和生活上的各种琐事容易生气，处于水深火热之中，那么可以从以下三个方面来提高你的安全感。

1. 接纳自己

"自我接纳"是尽管我有缺陷，但依然认可自己。马斯洛曾总结道："一个健康的人，应该能够做到接纳自己与人类的天性，不为此懊恼或抱怨。就像一个人不会抱怨水为什么会是湿的，或石头为什么那么硬。"

我有一位学员是一家互联网公司的高管,三十岁就拥有百万年薪,相比于同龄人已经非常优秀了。但是她经常对自己感到不满意,会习惯性地自我批评,比如,自己的身材不够好,生活太无聊,根本不会有人真正爱她等。她一次又一次地陷入情绪的旋涡,在亲密关系中既无法理性地面对对方,也无法与自己和平相处。

实际上,学会自我接纳就能消除大部分的消极性自我批评思维,带来稳定、安宁、愉悦的感受。最好的安全感应该来源于自身,包括对他人的成熟认知和对自己的认同。当我们对自己和他人有成熟的认知时,才不会惧怕未知的将来,放心地做出每个选择;才会理解自己真正的需求,找到适合自己的人和工作。这意味着我们可以接受各种各样的自己,允许自己犯错,接纳自己的过去;不会过度在乎别人的看法,而是把注意力放在自己身上;更能够透过现象看到本质,避免别人伤害自己。

世界上没有人是完美的,人如果能了解自己、接纳自己,就能修正自己。一定程度上说,自我接纳程度与幸福程度是成正比的。你越是接受自己,越能享受快乐。如果你是在受支持的环境中长大,父母向你传递了非常积极的能量和反馈,那么无条件接受自己是自然而然的;可如果你在不受支持的环境中长大,又该如何学会自我接纳呢?有三个步骤可以引导你。

(1)做自己的朋友

不能自爱的人,往往对自己的要求比对他人的更高。我的一个学员就是这样,她非常善于发现别人身上的长处,却对自己的要求非常苛刻，认为自己样样都做得不够好。我发现这一点后，请她尝试做自己的朋友，那些不会对别人说的话也不该对自己说，不管是大声说还是默默想都不行。我引导她列出自己的三个优势，如擅长下棋、有勇气等，想想这样的自己并且大声地说："我很勇敢，很喜欢这样的自己。"

每个人的自我都会受到他人情感和意见的影响，这很正常，但不要放任他人来主宰，而要学会自己做主。我还让她进一步发展这些优势，比如，擅长下棋，就可以参加象棋比赛；说自己勇敢，就可以尝试漂流。这位学员根据我的方法发现了她擅长许多事情，有不少优秀的品质，后来越来越自信，越来越爱自己。

（2）学会表达自己，尝试新鲜的事物

表达自我能够使你更好地与人交流，忘却过去的伤痛，去过更愉快的生活，所以是接纳自己的好方法。你可以尝试写日记、在论坛上发言等，每周进行两次以上。如果你的生活圈子比较狭小，那么可以探索你的新喜好，学习新鲜的事物，用新的方式表达自我。比如，去没去过的地方旅行，尝试新的食物、音乐和衣服的风格，每周至少进行一次。

（3）建立健康的人际关系

远离你身边消极的、爱抱怨的、吹毛求疵的、惹是生非的人，而去接近那些积极的、鼓励和认可你的人，这样你也会受到正向的影响。正式和非正式的交往都可以，比如，心理咨询师组织的小组互动，或日常的朋友小聚。在和他们聚会、聊天的过程中，你将学会对别人产生同理心，进而对自己产生同理

心。所以，建议你每个月至少安排一次这样的交流，和朋友们互相支持。

2. 丰富自己

原生家庭只是一个环境，我们无法选择出身背景，但成年后可以来培养和丰富自己。电影《肖申克的救赎》中，主角安迪就很有安全感，即使因被指控谋杀妻子和情人而被迫入狱，也始终保持着一种平稳的心态，不露声色地实施逃离计划，并且和周围的人相处得很和谐。当你拥有了足够的安全感，情绪会维持在平衡线以上，很少大喜大悲或者失控。安迪身上之所以有无与伦比的自信，一直追求自由并敢于付诸实践，就是因为他有足够的安全感去维持这种平稳、和谐、自我满足的状态。

要想有安全感，你需要在生活中不断修炼自己，用知识来充实自己。这里也有三个小建议：

第一，少看凄惨的电影、恶俗的电视剧和惨淡的杂志，多看一些干净、明亮的书籍。现代人面临激烈的竞争和复杂的人际关系，为了让自己不至于在某些场合里尴尬，你需要广泛阅读。阅读是吸收精神养料的过程，明亮的书籍会让你看待事物的视角更加开阔、积极，吸引相同属性的能量。此外，让自己头脑充实也是一种减压的方式。

第二，学会让自己平静，把思维沉淀下来，降低对事物的欲望。把自我归零，没有年龄的限制，每天都是新的起点。只要你对事物的欲望适当降低，期望值降低，就会赢得更多机会。正所谓："退后一步自然宽。"

第三，通过兴趣爱好来扩大社交圈。如果你对健身感兴趣，可以报个瑜伽班、舞蹈班；如果你喜欢阅读，可以参加读书会、交流会；如果喜欢看电影，可以约朋友一起去看电影，也可以在公共平台分享一些自己的影评，这样就会吸引到一群和你志趣相投的朋友。交到更多的朋友，你有乐能分享，有苦可倾诉。

3. 精神和经济双独立

当代女性只有实现精神和经济的双独立，才能拥有足够的安全感，真正地掌控情绪。经济独立和精神独立相辅相成，缺一不可。有人认为经济独立就是有房、有车、有存款，其实它更多是指赚钱能力。要知道，钱可能贬值，房子、汽车也可能因自然灾害而不复存在，但赚钱能力不会消失。你只要还活着，就是自己的银行。Facebook创始人兼首席执行官马克·扎克伯格说过："就算把我丢到一个荒漠，我只要看见一队骆驼商队经过，就能变成世界级的富豪。"中国的富豪也有类似的例子，锤子科技的创始人欠下六个亿，却依旧可以调侃："你如果欠银行一百块，那是你的烦恼；如果欠银行一个亿，那是银行的烦恼。我一想我欠下六个亿，可以干翻六个银行了是吧？"所谓的安全感，就是无论你身处怎样的境地，都有从头再来的底气。

精神独立是在思想和情感上能自给自足。有些女人在爱情中，渴望让男人给予安全感，总是依赖对方，以至于迷失了自我。其实，越独立的女人，越容易让男人欣赏和尊重。寻求

安全感是人的本能,但越是向外界求取,内心就越缺乏。因为你将命运的主宰权交给别人,一旦别人收回了对你的照顾或依赖,你便失去了生活的能力。请记住,别人给的东西再美好,也只是一时的,只有靠自己打拼出来的辉煌才是真实的、永久的。

真正的安全感无须以金钱为依托,一身赚钱的本事加上一颗强大而独立的内心就足够了。希望你能学会接纳自己、充实自己、修炼自己,总有一天,你不但会喜欢自己,还会爱上这个世界。

精神分析学家弗洛伊德有句名言:"追求快乐是人的天性。"如果你害怕贫穷,就努力学习和工作,让银行卡里不断增长的余额为你带来安全感;如果你害怕恋人离开,就先减少依赖和怀疑,多多提升自我价值;如果为别人的付出无法换来你期望的回报,那不如为自己付出,使自己快乐。当你越来越爱这个世界时,也会越来越容易掌控情绪,让它们成为你的无价之宝。

为什么你不能放下错的人?

我有一位老学员告诉我,她离婚很长一段时间了,一直没有找新的伴侣。虽然嘴上说没有遇到合适的,但她知道内心再也不会对任何人起波澜。

我遇到过很多类似的女性,平时形象光鲜靓丽,潇洒地说着不想再谈感情,但其实是心里住着一个放不下的人,即便知道那个人是错的。

我们小时候吃到不好吃的东西,就不会再吃了;做游戏觉得无趣,就不会继续玩了;一件衣服不合身,就不会再穿了。年幼时知道及时止损,长大后反倒变得更加踌躇。你在谈恋爱、结婚或者一般社交时,是否会在不愉快的关系中徘徊很长一段时间?在结束一段不愉快的关系后,仍对某个人念念不忘?

 1% 法则

不能放下错的人的原因

为什么你不能放下一个错的人,追求更好的生活呢?从心理学上来说,有以下四个原因。

1. 受伤不够深

如果一份感情把你伤害到极致,那么你再舍不得也会放手。好比说,一杯五十摄氏度的水握在手中时,你只会感觉些许难受,但还能握得住;如果换成一百摄氏度的水,你本能的反应就是放开手,因为人体无法承受那么高的温度。

有时在一段感情中受伤很深,不见得是坏事,至少你会在这种刺激下被迫放手。可惜很多人没有参透其中的奥秘,即使在感情中一次次地遇到了可放手的机会,仍然选择忍耐,把它们当作耐受力的训练,结果下一次还是受伤。在这种恶性循环中周而复始,甚至习惯和依赖上"受虐者游戏"。

2. 沉没成本效应

在一段感情中,爱与被爱,哪一种更幸福?爱人者是感情中的付出者,被爱者是索取者。很多时候,付出时越卖力,放手时就越吃力。当你特别重视对方,把自己的全部都奉献给对方,最后这段感情却没有圆满的结局时,你必然会心有不甘。付出和回报落差太大,你的自尊心和自信心受到双重打击,就

不愿面对曾经失败的自己,甚至不想回忆起这段过去,它成了你心里过不去的坎。

心理学中的"沉没成本效应",指人们为了避免损失而沉溺于过去的付出,最后选择非理性的行为方式。我们在感情中投入的沉没成本,和对对方的在乎程度成正比。例如,当对方已经对这段婚姻失去兴致,提出离婚,你想的则是:"我们把整个青春都扑在这段感情上了,甚至孩子都有了,你怎么可以说离婚就离婚!"于是你死缠烂打,试图挽回。又如,当你和合伙人一路披荆斩棘,突破了重重阻碍,取得了一定的成就后,他却背叛了你。你放不下你们一路走来的点点滴滴,总想着或许他一时没想明白,事情还有转圜的可能,两个人还能重归于好,于是陷入进一步的商务决策的错误。

执念是放不下的根本原因。当你有了执念,选择坚持这段错误的感情,认为只要自己足够努力就能让对方改正错误,这种想法大错特错。请记住,女人可以执着,但不能执迷不悟。你越是执迷不悟,越在这段感情里投入更多成本,就越是无法抽身,陷入一个死循环。

3. 无法适应新环境

有的女人无法放下错的人,是因为无法适应新的环境和新的人。她们安心于循规蹈矩地生活,无法接受重大的变化。典型的是受到家暴或被出轨的家庭主妇,她们过着安稳、有规律的生活,每天的安排是为家人做一系列服务,做早餐、接送孩子、拾掇家务、辅导孩子学习、和熟悉的邻里闲话等。她们拒绝走出

"舒适区",无法接受不确定的事物,任何一点儿变化都会让她们抓狂,内心缺乏足够的安全感去探索新的可能性。她们为了生活的稳定性,不敢放手不幸福的婚姻。因为她们认为,一旦放手,自己熟悉的一切都将被摧毁,生活将被彻底重建,而这一切都是她们不能接受的。

4. 委屈感

人在失去一段感情时,会产生一种委屈感,觉得自己并没有做错什么,不应被这样对待,不应处于被抛弃的处境。于是他们非常不甘心,希望通过自己的正常发挥或超常发挥重新赢得对方的喜爱和认可。这种心理背后的原因,可能是原生家庭中父母没有给予他们足够的关心和爱。他们在进入一段亲密关系后,尤其是在不受对方重视、将要被对方抛弃时,会产生很强烈的委屈感,不愿意面对失败,不愿意承认自己是那个不被爱的人,从而无法放下错的人。

放下错的人的方法

在人生中遇到错的人是很正常的事情。他们会消耗你的感情,给你刻骨铭心的背叛,让你一蹶不振。但错的人迟早会分开,对的人迟早会相逢。你左右不了他人的离开,也决定不了他人的出现。

那么,如何才能放下错的人,用更好的心态迎接对的人呢?

1. 调整心态，学会放手

请注意，放下不是恨，也不是遗忘。有些女性在遇到错的人后，哭天抢地，恨不得和对方拼个你死我活，杀之而后快。这看似在恨别人，实则是自我折磨。刻意地遗忘反而会在心里强化对这个人的印象，结果更难放下这个人。那我们应该怎么做呢？

（1）坦然面对

你要敢于承认自己遇人不淑，接受看错人的事实。

（2）给自己足够的时间

一段感情结束后，缅怀一下是正常的反应，不用刻意地控制自己的想法。无论你们相处的时间是长是短，你都有权利在关系结束时难过。想哭就哭，想骂就骂，甚至可以花一段时间来回忆这段经历，才是真正接受这段感情的结束。

（3）总结消极情绪的规律

当你试图放下一个人时，会有痛苦、自责、后悔等情绪。无须特意规避，顺其自然就好。你可以将这些消极情绪写下来，作为"情绪日记"；然后把自己从这段故事中抽离出来，站在第三人视角重新阅读和审视：是什么让这个人产生这种负面情绪？你会给他什么样的建议？他又应该避免哪些错误？

许多事情是当局者迷，如果你站在旁观者的角度，反而会得到新的启发，从中找出情绪背后的原因，对症下药地想到解决办法。建议勾画出情绪日记中反复出现的词句，也许是某个名字、某个事件或某个地点。当你发现自己在不停地想它时，

可以在脑子里用一个场景或一首洗脑的歌曲打断自己，这样就阻断了坏情绪。

2. 做到"三不"

有人说："放下一个人最好的方式是斩断与他的所有的联系。"但我认为，比起断绝联系，你更应该做到以下"三不"：

（1）不期待

很多人走着走着就散了，你再怎么期待，他也不会回到你的身边。没有人会一直停留在一个地方，你放下期待，才能摆脱纠结和坏情绪，重新出发。

（2）不关注

把你的目光和心思从那个人身上收回来，把所有的精力放在当下，放在你自己身上。作家张小娴说过："想要忘记一段感情，方法永远只有一个：时间和新欢。"但事实上，时间往往太漫长，新欢也很难在合适的时机出现，所以依靠外力的方法治标不治本，归根结底还是要从自己出发。坚定地放下执念，不要在分开后还每天关注对方的朋友圈动态，想方设法打听他的下落。做到"不关注"这三个字，你才能真正做到放下。

（3）不叹息

为过去悲伤叹息，只会让你陷入回忆无法自拔，平添伤感。与其每天沉浸在回忆里哀哀戚戚，不如主动将往事清零，好好迎接新的生活。

3. 告别仪式

人们喜欢为高兴的事情举行仪式，但为一段感情的结束举行告别仪式便会觉得奇怪和矫情。为什么建议给结束的关系举办仪式？因为人们更容易确定一段关系是从哪天开始的，却很难说出是在哪一天终结的。即使那个人已经离开，你也未必确定你们之间到底是哪一天彻底断开联系的。关系的终结可能有一个时间过程，但告别仪式就帮助我们人为地设置一个明确的、具象化的时间节点。

告别仪式如何进行呢？你可以先将所有情绪写在一张纸上，任由笔头宣泄，直到舒服为止，然后简单粗暴地把这张纸撕碎（或烧毁），作为这段感情的彻底终结。这个不同寻常的行为会在你的大脑中深层次加工，向他人和自己明确宣告："我们的关系结束了，我的新生活要开始了。"

很多人之所以放不下、忘不掉，是因为只在理智上告诉自己"要结束，要放下"，而情感上没有真正的结束。此类告别仪式就是让你从心理情感上为这段关系画一个句号，这样才能开始新的人生旅程。

4. 重塑身份，涅槃重生

当你失去一段感情之后，往往会把自己放在被动的一方，好像只会被动接受别人的安排。这容易让你陷入自我否定，觉得自己什么都做不了，什么都无力改变。但事实不是这样的。当你完成了告别仪式、调整好心态，就拥有了主动权和选择

 1% 法则

权,接下来就可以选择自己的人生、重建自己的身份。

你要看到自己身上的美好之处,多肯定、赞美自己,每天给自己一个灿烂的笑容。从最初消极、难过的情绪中走出来后,你可以多和朋友聊天、探讨、玩耍。花些时间重新联络老朋友或者结识新朋友,是一件很开心的事。你还可以尝试一些创造性的活动,比如画一幅画、做一次陶艺、参加一次音乐节;可以培养新的爱好,比如编织、收集钱币、饲养宠物等;甚至可以做一次以前根本不会做、不敢做的事情,比如攀岩、蹦极。只要能让你静下心来投入进去的,都可以做。

我之前有个学员,在被爱人背叛以后,选择去跳伞释放坏情绪。她回来以后,整个人都不一样了。据她说,这次跳伞于她而言是一次新生。你也可以尝试全新的自我表达方式、新的运动方式,想舒缓就去学瑜伽,想热情洋溢就去学跳尊巴。这些尝试在缓解压力的同时,还可以为你的生活带来新的激情。总之,只要你愿意,就可以通过各种活动和形式不停地刷新自己,涅槃重生。

最后,我想和每一个女性说:"不要丢掉你的尊严,不要让任何人阻碍你的梦想,守住自己的骄傲和价值是每个女人一生的重要课题。"人的一生都在不断失去,任何感情都是不容强求的。如果你感觉身边的某个人对你来说是错的人,请不要浪费时间,果断对他说再见。该放手的放手,该忘记的忘记。越是不愿放下,越是执着于心,就越是伤害自己。

一堆苹果中有一个坏掉的,你不舍得扔;后来坏掉的苹果越来越多,才舍得扔时,为时已晚。感情也是如此,如果你不愿意放弃错的人,就无论如何无法遇到对的人。祝愿你也能对错误的感情、错误的人及时放手,拥有美好生活。

 1% 法则

为什么记性太好容易痛苦？

有时候，人们的痛苦不是别人造成的，而是自己和自己过不去。每个人都会遭到两支箭的攻击，一支是从外界射来的，另一支是自己射向自己的，而真正让你受伤的是你射向自己的那支箭。电影《东邪西毒》中有一句话："人最大的烦恼就是记性太好，如果什么都可以忘了，以后的每一天都会是新的开始。"

为什么记性越好越痛苦

为什么人的记性越好，就越容易痛苦？我将从以下三点来说明。

1. 记得越多，困扰你的东西越多

记性好的人比记性不好的人有更多烦恼，因为他们不仅记得昨天发生的事，还记得上个星期发生的事、去年发生的事，

甚至多年以前的事。只要与自己有关的，全部要被翻旧账。

我有一个学员记忆力特别好，别人花几个小时才能记住的东西，她看一两遍就记住了。即使是很久以前的事，她也能把细节记得很清晰，比如别人说过的话、做过的事、穿过的衣服、当时的天气。很多人羡慕她有这样的能力，但她不仅能记住快乐的事，也记住了不愉快的事。这些事会让她一直沉浸其中，反复地回忆、思考，最后导致过度解读。例如，当她在工作中寻求同事帮忙被拒绝，就会一直放在心上，下班回到家后也反复回忆当时的情景，总觉得是自己哪里做错了，得罪了同事，但对方可能只是太忙了；又如，当别人无意间说了一句不中听的话，她会记得非常清楚，时不时地想起，并因为这句话而怀疑自己；再如，当她和丈夫因为一件小事吵了一架，随着时间的推移，丈夫已经忘记了这件事，但她一直耿耿于怀，然后某一天会把它拿出来说，而且说得很详细。虽然很多事情已经过去，但她始终无法释怀，那些痛苦、受挫的心情也一直缠绕着她，摆脱不掉。

2. 记得越多，放不下的东西越多

记性好的人会有很多放不下的遗憾、放不下的执念。他们无法忘记已经离开的人，无法原谅曾经伤害过自己的人。他们一边被过去的事情拖累，一边为现在的事情烦恼，活得非常累。每天要想的事情太多，甚至睡梦中还在继续思考，心情越来越沉重。而且因为过度的解读和想象，这些事情在他们的认知中会被扭曲，离事实越来越远。

大脑记忆库就像手机的内存，存的东西越来越多，而一直

不清理旧的东西,它就会精疲力竭。记性比较好的人,常常负荷了许多不受自己控制的事情,痛苦不堪;而记性不好的人,往往是昨天的事今天就忘了,活得更加潇洒。

3. 记得越多,操心的东西越多

有的人对待任何人和事都很认真,或者较真。忘不了离你而去的人,是因为他曾走进了你的心里;忘不了曾经伤害过你的人,是因为你认真对待过他;忘不了别人对你说过的一句话,是因为看重他对你的评价;忘不了你们有过的争吵,是因为你在乎彼此的关系。

这类人把世间万物都放在心上,操心着本不必操心的一切。因为认真观察和对待遇到的每个人和每件事,所以对每个细节都记得清楚、详细。他们会敏感地放大他人对自己的反应,试图包揽所有的问题;而当失去这个人或事物时,他们的痛苦程度也比常人更甚。

记得越多越痛苦如何解决

如果你不想被痛苦的记忆困扰,渴望翻开人生的新篇章,我教给你两个方法。如果你坚持做下去,一定可以从记忆困境中抽离出来。

1. 改变你的生活方式

记忆是可以被代谢掉的。哪些重要,哪些不重要,取决于你的生活方式。如果你的生活比较消极和单调，大脑会认为你目前所处的环境是负面的，于是通过保存和利用这些负面的记忆来帮你规避危险；但如果你的生活是积极的，每天都有新的体验、新的收获，那么你的大脑会认为那些新的、强烈的信息比较重要，从而代谢掉旧的记忆。这时你再回想往事，有些记忆就会变弱，甚至消失。长期沉溺于痛苦中的生活方式是有问题的，原地踏步也不利于大脑对记忆的"新陈代谢"，只有高能量的阳光生活才能够促进大脑筛选优质记忆。

我的俱乐部有一个会员，她在离婚之后变得一蹶不振，每天以泪洗面，每晚都会想起和丈夫在一起的日子。我通过进一步了解，发现她在之前的婚姻中是一个非常依赖伴侣的人，每当生活或工作上出现问题，总是第一时间找丈夫帮忙。她的生活方式也与丈夫的息息相关。比如，早晨总是她的丈夫先起床，然后她再起床；晚上丈夫要看球赛，她就陪着他一起看球赛。离婚之后，她的生活方式还是和之前一样，于是在每一个独自醒来的早晨和一个人看比赛的晚上，她都会感到非常无助和痛苦。

我告诉她："如果你想从痛苦的记忆中走出来，就要改变之前的生活方式，重新规划属于你自己的人生。"于是她在手机上定了闹钟，每天早上五点起来跑步，享受清晨的宁静和运动带来的舒畅感。她还找到了自己的爱好——烘焙。在上了烘焙班后，她结交了两三个知心的朋友，后来合伙开了一家烘焙工作室。她重新打造了属于自己的温暖小窝，工作累了就跟朋友小聚一下，饿了就做顿丰盛的饭菜犒劳自己，无聊的时候去看看电影，不忙的时候就来一场说走就走的旅行。慢慢地，她觉得自己活得越来越充实，也不再回想那些痛苦的记忆。

当你能再次体验到幸福，哪怕忘不了以前的痛苦经历，也可以用如今的甜蜜去调和它。那么，如何改变自己的生活方式？我总结出了"减加乘除"四步法。

（1）"减"法

减少没用的物品、事务、习惯。第一，观察一下家里的环境，把旧衣服等很久没用过的东西都扔掉，然后把房间打扫干净。从离你最近的地方开始改变，给自己一个全新的舒适环境。第二，把那些你拖延了很久的事情在一定时间内做完。比如，果断地去那个你想去了很久的地方。第三，列举出你的坏习惯，一个一个尝试改掉。比如，你喜欢熬夜，经常玩手机玩到凌晨一两点，喜欢吃一些垃圾食品，等等。最后，如果你想给自己一个全新的面貌，可以尝试剪头发，忘记昨天，从"头"开始。

（2）"加"法

经过上面的"减"法，去除了过去的累赘，你可以开始全新的一天。这一天在生活作息上加上以下三点：第一，早睡早起。这是保持乐观心态的好方法。科学研究表明，睡眠不足容易引发负面的情绪，保证睡眠质量是非常重要的。第二，加强锻炼。每天微微出汗就可以，出汗也是为了每时每刻能把负能量排泄出去。第三，养成健康的饮食习惯。很多人不注重自己的饮食习惯，日积月累给身体带来很大的负担。你可以学习自己煮饭，多下厨、多实践。

（3）"乘"法

经过以上两个步骤，你的状态会改善许多。"乘"法是以合适的方式培养自己。你需要确立一个目标，明确自己往哪个方向走。比如，你想学写作，就每天花点时间看书、写文章；你想学画画，就把之前刷视频、打游戏的时间拿来画画。这一步是正式开始发展自我，是最重要的一步。

（4）"除"法

如果你走到了"除"法，相信你已经有了健康的生活习惯，并找到自己想做的事情。最后一步就是坚持下去，因为一个新的生活方式或习惯最怕被旧习惯反攻。如果有突如其来的坏情绪，你需要控制好，不要回归之前那个糟糕的自己。你的身体已经开始适应新的生活方式，再坚持一段时间你就赢了。

2. 直面痛苦，从不同的角度看问题

当遇到伤心、烦恼的事情，不要只在脑子里想，请试着用文字描述出来，或者向他人诉说。最方便的方法是书写这个问题的前因后果是什么，你此刻的情绪状态如何，周围人的反应如何，等等。书写越详细越好，但无须夸张，客观陈述即可。有心理学研究表明，用文字表达可以防止情绪在脑海中被无限扩大。你在书写的过程中，会慢慢平复焦虑或痛苦，变得平和。

将问题描述完毕后，请尝试换一种角度看待它。任何事物都有其两面性，从不同的角度看，得到的结果就会不一样。世界上没有绝对的对与错，只是看待事物的人的观点不同。法国雕塑家罗丹说过："世界上并不缺少美，缺少的是发现美的眼睛。"所以，遇到不好的事，请尝试换个方法、变个角度思考，你将会有不同的收获，甚至不同的心情。

如果你感觉无法摆脱一种情绪,就先放一放这个问题,从改变自己的心境着手。你可以停下手头的事情,转而去做自己感兴趣的事情,或者更换环境。比如,静坐、冥想等,都是将心境从负面调节平衡的方法。如果你一直沉湎于不良情绪的旋涡中,任凭它愈演愈烈,那么你的能量会急剧下降,看什么都不顺眼,做什么都不顺心,最后步入恶性循环中。

在当今社会,人们会抱怨种种问题,发泄各种不满,总是觉得工作不称心,生活压力太大。著名漫画家蔡志忠说:"如果拿橘子来比喻人生,一种橘子大而酸,一种橘子小而甜。一些人拿到大的就会抱怨酸,拿到甜的又会抱怨小。而我拿到了小橘子会庆幸它是甜的,拿到酸橘子会感谢它是大的。"当我们尝试切换角度看待问题,将自己的心态调整到最佳,会发现快乐时时在身边。

记忆力好,原本是好事;但如果和过分的想象力联手,夸大一些莫须有的问题,就得不偿失了。这会将自己折磨得身心俱疲,也把别人弄得莫名其妙。生活已然不易,我们何苦为难自己?痛苦的事情放远些,它就小了;无奈的事情想开些,它就散了;艰难的事情去行动,它就倒了。

最后,希望你常常清理自己的记忆,不要把无关紧要的事情放在心上,该吃饭吃饭,该睡觉睡觉,好好生活。通过学会运用情绪力,将情绪从本能转变为智慧。

法则2

1% 表达力
从共鸣到共识

为什么演讲力决定你的社交边界?

什么是表达的金字塔原理?

同频的表达很难吗?

哪些小动作为你的表达减分?

法则 2　1% 表达力

为什么要学习演讲？

你知道世界上最厉害的武器是什么吗？

是人类的嘴巴。有人的地方就需要沟通，"1%表达力"法则就是用"一句顶十句"的有效沟通，帮你放大个人优势、倍增影响力，获取更多你所需要的社会资源。而演讲是表达力的巅峰，学会演讲，你的事业会更上一层楼。

演讲是一项综合能力，它能清晰地表达演讲者的想法，让听众更好地理解。它会帮助你了解人性，让你在和身边任何人沟通时如鱼得水。并非只有政界、商界的领袖们才需要演讲。事实上，80%的演讲是由普通人完成的。老师讲课是演讲，医生叮嘱患者是演讲，员工工作汇报是演讲，当众分享经验是演讲，甚至报警也是一种演讲。

当你明白日常生活中时时刻刻充斥着演讲时，就不会觉得它遥不可及了。著名投资家巴菲特在二十多岁时，非常恐惧在公众面前发言，甚至因此错过了好多机会。之后他参加了演讲培训，让自己的沟通更加有效，从此奠定了他成功的基础。

演讲有什么好处

1. 演讲是职业发展的利器

如果你是职场人,演讲可以帮助你有效沟通、提升业绩,在工作述职时成为你升职加薪的加分项;如果你是创业者,演讲可以帮助你展示创业项目,拿到更多合作机会。我在投资时,除了看重项目本身的情况,也会留意负责人的演讲能力,看他是否头脑敏锐、逻辑清晰有条理。

以前人们说:"酒香不怕巷子深。"可在如今这个时代,应该改成"酒香也怕巷子深"。现在社会的竞争压力很大,各类人才层出不穷。"是金子总会发光"已经不太可信了,你需要抓住展示才华的机会,推销自己。演讲就是推销自己的手段之一,通过演讲表达自我价值、观念,同时让别人看到你的才华和能力,才会向你抛出橄榄枝。无论你有什么才华,都可以通过博客、直播、播客等自媒体方式来展露,从而扩大你的优势和影响力。

2. 演讲是个人成长的加速器

曾经有位学员问我:"我想学技能,先学什么比较好呢?"我毫不犹豫地回答:"演讲。"演讲是一个综合性能力,可以给人带来一系列改变。它不仅需要好的技巧,更需要好的内容。我们平时更多的是在听别人说,比如刷朋友圈、抖音的视频、微博上的段子，那何不换一种思路，让别人看自己的内容呢？如果你不知道发表什么内容，可以从练习演讲开始。

演讲是一种输出，输出前你必须进行有针对性地阅读或其他类型的输入，提高对身边各种细节的敏感度，体悟处理事情的技巧，掌握为人处世的道理。演讲会激发你去吸纳、经历、沉淀，将学过的道理和知识、习得的技能、别人的经验和教训转化为解决问题的方法。而在学习、欣赏别人的思想精华的同时，也感受别人对这个世界和人生的感悟。

你如果喜欢上演讲，会发现它在让你加速成长。

3. 演讲是自信心的放大器

当你信心满满地做一件事情时，结果往往会超乎想象；但当你没有信心地做一件事情时，你连能力范围内的也做不好，甚至没有做的勇气。演讲能让你大声地将自己的想法表达出来。当你听到观众的赞美和认可时，自信心会越来越强。

我请你思考以下三个问题：

（1）过去的你是否因为演讲能力不足，而错失了某些机会？

（2）现在的你如果学会演讲，是否能更加自信，谈下更多的合作，收获更多人的肯定和爱戴？

（3）未来的你是否会因为演讲能力强，而成为别人的榜样，并获得更多机会？

如果你的回答都是肯定的，那么可以开始学习演讲了。演

 1% 法则

讲会让你自信满满，一张口就吸引所有人的注意力，保持充满能量的人生状态。

如何做好一场演讲

1. 确定演讲目的

每一场演讲都有自己的目的。比如，发布会的目的是传递信息，让公众了解最新的消息；学校在高考前举办的百日誓师大会目的是让学生产生共鸣，激励他们努力学习；氛围轻松的演讲的目的是娱乐观众，让大家感到快乐。明白为什么讲比如何讲、讲什么更重要。如果把演讲比喻成盖楼，那么确定演讲目的就是打地基。地基打得越稳，这栋大楼就会建得越结实。

2. 确定演讲主题

主题是演讲的灵魂，我们常把确定主题这一步叫作"定魂"。一个好的主题应该具体化，能一下子抓住听众的耳朵；主题不明确的演讲就像失去灵魂的木偶，即便讲得天花乱坠，别人依然听不进去。不同类型的演讲题目有不同的特征，励志型演讲的题目需具备号召力，而教学型演讲的题目中可加入量化指标，如数字。例如，你是一个美容行业的从业者，要进行一次关于抗初老的演讲。如果演讲题目是"女性抗初老分享"，就比较平淡乏味，让人没有什么想听的欲望；但如果把题目改成"30＋女人抗初老的5大秘籍"，就会吸引到更多人的关注。

3. 完善演讲内容

确定了演讲的目的和主题后，就可以往里填充内容了。我建议刚开始演讲的人养成写文字稿的习惯。很多人觉得自己平时侃侃而谈，不用稿子也可以说两三个小时，但事实上在正式演讲的过程中不知不觉地就跑题了。如果你不是某个领域的资深专家，或没有足够丰富的演讲经验，请一定要准备好演讲稿。

演讲稿的开场白有破冰的作用，你可以用几句幽默而诚恳的话拉近和听众之间的距离，得到听众的关注。开场白后的承接部分，你可以借题发挥，以小见大、介绍背景或者开门见山。接下来进入到主体部分，需要把握好结构层次和逻辑。你可以采用"设置情境＋制造冲突＋提出问题＋给出答案"的SCQA模型（Situation／情景，Complication／冲突，Question／疑问，Answer／答案）作为基本结构，中间穿插一两个段子与互动。在结束语部分，可以渲染一种意犹未尽的效果，也可以提出愿景和畅想。

4. 合理利用PPT

PPT之于演讲者好比枪之于战士，十分重要。有些人觉得没什么机会用PPT演讲，这个想法大错特错。还是用前面的例子，做美容行业的人进行抗初老主题的演讲，光靠嘴是很难打动别人的，这时一个高端的PPT就是加分项。你可以展示美容效果的前后对比图、不同成分的面霜效果对比图、相关调研数

据的图表等。又如，你是一个期望晋升的职场人，老板让你做述职报告，当你把你的工作业绩、成果以表格、图片的形式呈现在PPT上，就会秒杀很多只会干巴巴地用嘴背数据的人。

PPT是将演讲内容视觉化的最佳工具。请记住，千万不要把演讲稿复制粘贴到PPT上，这样还不如不做。曾经我的一个员工向我作汇报时，可能因为怕忘词，把大段内容复制到PPT上，然后照着PPT念，给我的观感很差。说她没用心，她还特意制作了PPT；说她用心，可PPT呈现的效果真的不好。

如何做好PPT？有五个注意点：

（1）每页PPT只要一个焦点。

（2）图片和表格比文字更有说服力，尽量用它们代替文字说明。

（3）每页的风格须一致，包括字体、背景、色系、图像。

（4）如需插入动画效果，必须符合主题，不能一味地追求酷炫。比如，商务PPT很忌讳使用弹跳等花式效果，会给人很不专业的感觉。

（5）如需插入背景音乐，不得让它影响到你的表达，否则它会喧宾夺主，效果适得其反。

5. 多加练习

我曾经问过多位演讲做得好的人，他们私下会练习多少次，得到的答案是至少十遍。十遍就能让演讲稿和演讲者融为一体，如果练上二十遍当然更好。

那要怎么练习呢？首先我要纠正一点，练习不是背诵。很多人演讲时，一上台就忘词，讲得磕磕绊绊，很明显是背的演讲稿。演讲稿大多是用书面语，你需要把它转化成口头语，然后：

（1）多次复述。口头语更符合人的表达习惯，你多去练习几次，直至将内容刻在脑海里。

（2）对镜练习。练习演说时，对着镜子看自己的状态、表情、手势。

（3）录拍回放。练习演说时，用手机或相机把演说过程录下来，然后从回放中找出自己的问题。比如，表情过于严肃，口头语连缀词较多，手总是因为紧张在做小动作等。

6. 研究听众

每一次演讲虽然是你在讲，听众在听，但是你传递的信息和他们需要的信息是相互流通的。你应该思考他们关心哪些问题，如何通过演讲给他们提供解决办法。每次演讲都应该是一个解决问题的过程，而不是你一个人单向输出的过程。你的演讲内容和他们越相关，他们才会听得越认真。为了保证双向沟通的有效性，注意以下三点：

（1）提高逻辑思维

客观逻辑是为了让人人都能理解。你在每一次练习中，都要对素材与观点进行取舍、排序、组合，让它们形成一个有机整体。同时不断简化它，删去无关的和不重要的内容。通过这样的反复练习，注重逻辑会成为你的一种习惯，让你轻松驾驭

所有的演讲场合。

（2）提高抗压能力

演讲会挑战你的抗压能力。如果你在公众面前没有气场、声音太小、结巴磕巴、手足无措、举止慌乱，别人会把你当成小丑。虽未必对你有恶意，但是无心的嘲笑也会让你无地自容。演讲是一种气场的对抗，而演讲练习就是训练、增强你的气场。

（3）提高控场能力

登台演讲时，须注意临场互动。上场时，你应该大方得体，表现出充满信心的形象，从这一刻就开始控场。如果你对自己的内容胸有成竹，身上会产生强大的气场和能量，使演讲的效果加倍。演讲的过程中，应该动静结合，目光和肢体动作要自然，不同手势、目光交流、轻松的表情都会成为你的加分项。言语节奏也可以适当变化，用抑扬顿挫的语调和快慢有致的语速，让听众将分散的注意力重新聚焦在你的身上；讲到重点的地方，可多重复几遍。这点会在本章第六节"非语言表达法"中详细介绍。

按照以上六点来练习演讲，相信你很快就会成为一个演讲高手。

演讲对于人生也起到重要的作用，学会演讲可以提升自信心，更好地管理自己的情绪，并且改善人际关系。《人类简史》一书中写道"人和动物本质的区别就是人具有跨时空协作的能力"，而演讲恰恰就是发挥这种能力的重要途径之一。

好的演讲是有无穷力量的。我们可以通过简单、朴实的词语分享自己的故事，让自己被看见、被听见，来实现作为个体所无法达到的影响力。想法是灵魂，分享是途径，影响是终点。演讲帮助我们把这条实现自我价值和为别人创造价值的道路打通了，使人与人之间建立联系，并把自己的经验产出最大化。

一个人的成功，15%靠专业知识，另外85%则靠社交能力，特别是公众演讲能力。请不要小瞧演讲力，古往今来，几乎没有哪个伟人不会进行公共演讲。学会演讲，你可以站在舞台上推销自己，让更多潜在的投资人和顾客了解你的公司和产品；学会演讲，你可以显著提升业绩，原来一年达到的销售额可能现在通过一场演讲就能达到；学会演讲，你可以快速拓展人脉，让有能力的人愿意和你交朋友，而人脉就等于财路；学会演讲，你的粉丝团规模会呈几何级增长，为你的团队提供免费宣传的同时，也会招揽来更多与你同道、同心、同频的人，让你的团队不断壮大。

高效表达法：金字塔原理

表达是生活中最基础的沟通方式，也是传递信息、交流感情的重要技能。正式场合的表达有演讲、汇报、发言，休闲场合的表达有闲聊、吹牛、侃大山。职场或社交中的优秀表达，对于完成事务协作、建立个人形象有着积极的作用。

下面介绍表达的三种方法：高效表达法、同频表达法、非语言表达法。让你的表达清晰有逻辑，有温度又不失力度。

其中，高效表达法可以帮助你事半功倍地完成任务，沟通省时、省力。

让我们来看这样的对话。老板问："年会准备得怎么样？"小张回答："我们预订了某大酒店，最近开年会的公司多，只有这个酒店在时间、价格上都合适。我们让各个部门出了节目，彩排过一次，删掉了几个唱歌的节目，其他是舞蹈、魔术、小品等表演。主持稿已经编好了，主持人还在筛选中。优秀员工的名单还没定好，因为有的部门经理还没有上交名单。不过奖品已经准备好了，会场的宣传品也买好了。这次的年会是十周年年会，所以会场背景墙和装饰品的主题是'十年'。"

听完小张的回答，你觉得老板的感受是什么？老板了解年会准备情况了吗？老板又怎么看待小张的能力呢？在现实中，老板听完小张的回答，点头说了一个"嗯，辛苦了"，然后走开向别人询问情况去了。这也就意味着，小张那么长、听起来那么详细的回答其实是无效的。

日常生活中，我们也经常有这样类似的表达，所以总觉得"我说得这么清楚、全面，为什么对方还是不明白、不会做？为什么对方就是不懂我的苦心呢？"我们暂且不讨论对方的问题，从我们自己的角度思考一下造成这个局面的原因。或许改变一下表达的逻辑，就能更高效地让对方接收到更精准的信息。高效表达法有四个技巧：结论先行，以上统下，归类分组，逻辑递进。

结论先行

为什么要结论先行？因为人的大脑只能逐句理解我们表达的内容，会默认前后句之间具有某种逻辑关系。如果我们不预先告诉听众这种逻辑关系是什么，听众会推导得非常吃力。在这个过程中，一旦听众的理解与我们的表达不一样，就会造成信息误差，这也是为什么别人做的事总是不符合我们要求的主要原因。另外，如果我们表达的句式很长或信息量很大，对方会由于逐句理解而疲劳，那后半段的内容对听众而言就是无效的。

 1% 法则

举个例子。如果你听到这样一段话:"十一假期,我回了一趟奶奶家。我奶奶家在很偏远的乡下,就是路边还有很老旧的电线杆,晚上开灯,灯还会忽亮忽暗的那种乡下。他们以种田为生,或者出门打工,当然打工的人也只有在过年的时候才回老家。我到奶奶家里的时候,正好赶上大家忙完农活儿,我想着他们忙完了应该回家休息或者做晚饭,没想到他们竟然聚集在一个修了洋房的村民家买彩票。没想到啊,乡下比城里更加盛行彩票……"

请问以上内容的中心思想是什么?你看完后心累吗?将上面的话改为结论先行的表达方式是这样的:"乡下竟然比城里更加盛行彩票!上个星期,我去了我奶奶家,她家在很偏远的乡下。我到她家里的时候,正好大家忙完农活儿,我想着他们忙完了应该回家休息或做晚饭,没想到,他们竟然聚集在一个修了洋房的村民家里买彩票……"这样你是否感受到结论先行的优势呢?

结论先行还有个好处,就是督促表达者少说废话。表达者通常急于维护自己的观点,所以后面的解释一般是为了维护前边的逻辑。结论先行就可以节省双方沟通的时间,高效地使双方达成共识。

以上统下

以上统下是指所有的论据都要支撑论点。在公共讲话或

商务会谈中，明确自己的观点后，接下来的论据都要为观点服务，模棱两可会显得不专业或不坚定。

举个例子。"今天晚上我想吃火锅，因为最近比较冷，附近也有家好吃的火锅店，正好我还有会员卡，明天是周三。"以上这段话中，哪个论据不能支持"晚上我想吃火锅"？对，就是最后一个——"明天是周三"。所以，想要做到以上统下，可以向自己提问：论据支持论点吗？叙述的道理能自圆其说吗？

这里提供一个训练以上统下的方法：

（1）针对一个事件说自己的观点并且录音；
（2）重听录音，找到论点、论据；
（3）询问自己"论据支持论点吗？"；
（4）修改论点、论据；
（5）按照修改后的内容再说一次并录音；
（6）对比两段录音的效果，找到成就感。

归类分组

先举个例子，当你准备出去散步时，你的爱人说："顺便买点东西回来，有葡萄、牛奶、土豆、胡萝卜、鸡蛋、橘子、咸鸭蛋、苹果、酸奶。"你还记得要买回来什么吗？

人的大脑习惯于将相似的东西放在一起理解、记忆，这就是为什么背英语单词有词根记忆这个方法。我们不能违背人的天性，所以在表达中建议把相似的论据放在一起，通过归类分组呈现。上述例子如果改成："顺便买点东西回来，水果买苹果、橘子、葡萄，蔬菜买胡萝卜、土豆，禽蛋类鸡蛋、咸鸭蛋都要，奶类要牛奶和酸奶。"是否会好记一些？

归类分组时要避免重复。某公司的员工业绩统计报表是这样的："优秀——业绩达成80%，不合格——业绩只达成80%……"这就是典型的有问题的分组，一个论据必须只能支持一个论点，80%的业绩到底是优秀还是不合格呢？

这里也分享一个训练归类分组的方法：

（1）围绕论点罗列所有论据；

（2）将论据分组；

（3）给每个组赋予一个类别，这个类别是该组每个论据的共同特质；

（4）检查论据有没有遗漏、重复分组。

逻辑递进

逻辑是我们在处理事情时的思维顺序。比如，拆解一下"我想吃烤鸭"这句话的思考路径是这样的："我下班了，有点饿。同事今天中午吃的外卖烤鸭很香，我也想吃，所以晚上吃烤鸭。"这个例子表明，任何表达都有三个关键因素：主体、客体、外部环境，引导推导过程的线索便是逻辑。所以，符合逻辑的表达才符合人们正常的判断、分析问题的思维过程。总结来说，有逻辑的表达就是先向听众同步背景，然后告诉听众，你基于什么逻辑，为了实现什么样的目标，采取了什么方法，最后达成了什么结果。当然，逻辑思维不仅仅适用于表达，更适用于工作中的各种沟通。

逻辑递进就是按照某种推导方向递进式、全面地认知事物。常用的逻辑有：

（1）时间/步骤顺序：第一、第二、第三；

（2）结构/空间顺序：东、南、西、北、中，动作、表情、语言；

（3）程度/重要性顺序：最重要（核心）、次重要、第三重要；

（4）演绎顺序：大前提、小前提、结论；

（5）需求顺序：以听众的利益/需求程度来排序。这是表达中最有效的顺序。

这里也分享一个按照需求顺序表达的训练方法：

（1）围绕一个主题说一段话并且录音；

（2）重听录音，找到论点、论据，并画出结构图；

（3）写下听众的需求和利益点；

（4）按照需求程度将论据重新排序；

（5）按照修改后的结构图说一段话，再次录音；

（6）对比两段录音的表达效果，找到成就感。

 1% 法则

三大法宝

很多人的表达干巴巴的,没有说服力,怎么办呢?这里提供表达生动的三大法宝:数据、案例、对比。

举个例子。"这块我很擅长"这句话是不是听上去没有什么说服力?加个数据,它就变成"我有三年的工作经验""我处理过上百起类似的业务";加个案例,它就变成"之前××公司的那个××项目就是我做的";加个对比,它就变成"之前我们领导对公司的这个业务很不满意,我接手一年以后,它直接成了公司的重点发展项目!"怎么样,改进之后的表达是不是听上去更值得相信?

再回到本节开头的年会案例。当老板问:"年会准备得怎么样?"小张的回答按照需求顺序改进后是这样:"其他准备工作都已经完成,只差敲定主持人跟优秀员工名单了(结论先行)。会场(论点A)预订的××大酒店,因为××大酒店时间与价格都合适(论据A1);会场的装饰道具都已经采购好,全是以十周年为主题的(论据A2)。节目(论点B)已经彩排了一次,我们择优录取了十个节目,都是舞蹈、魔术、小品等(论据B1);主持人还在筛选中,主持稿已经编好了(论据B2);颁奖的优秀员工的名单还没确定,因为有的部门经理还没交名单,不过奖品已经准备好了(论据B3)。您放心,我们肯定能按时完成准备工作。您要是能帮忙催一下部门经理就好

了,我们催得他们都烦了。"

老板会说:"行,优秀员工的事我去催一下!"你是否感受到前后的差距了?

表达一定要以让对方好理解、好接受为原则,以对方的利益为出发点。所谓省时、省力、高效的表达,核心就是简洁地传递信息,提高工作中的协同效率,最后实现我们的目标。高效表达法会让我们的工作和生活变得更加简单,更加顺畅。

 1% 法则

高效表达法：强化你的逻辑

表达的场景无所不在，无论是在职场中还是生活中，好的表达会帮助你更好地传递自己的想法，实现更高的理想和人生目标。

《奇葩说》节目中有位辩手说过："生命中，我们绝大多数的纠结和困惑、愤怒和失落来自我们怎么与别人对话、协商、争论、说服。"得到App创始人罗振宇也说："职场，或者说当代社会，最重要的能力就是表达能力。"你做得好，需要让公司知道；请求帮助，需要表达；受了委屈，也需要表达。优秀的人从来不会输在表达上，反而会用逻辑让客户、同事、老板心服口服，在职场中所向披靡。两个能力相当的人，谁表达得更好就会在职场中更有竞争优势，更快得到升职的机会。

为什么有的人用简短的几句话就能和别人打成一片？为什么有的人给老板汇报PPT时，总是讲到几页就被打断？为什么有的人一开口就让你觉得条理清晰、能力很强？

当你觉得自己不会说话，没人愿意听自己表达时，问题也许不是出在嘴上，而是出在大脑上。表达的定律之一是："人永远说不出他写不出来的话。"思想是语言的边界，你如果连写出来都费劲，那么百分之百说不出来。所以，当你感觉说不清楚时，尝试写下这三点：

（1）对事情的观点；

（2）对故事的叙述；

（3）对知识或物体的简要描述。

最好能用一句话概括观点、故事、知识点，如桌子的用途、自己的工作等。弯弯绕绕地表达不仅浪费时间，更消耗别人对你的感情。

如果你觉得提炼观点比较困难，或者逻辑感不行，可以尝试用以下的结构化表达来训练自己。

结构化表达

结构化表达是让表达遵循一定的结构。建筑可以通过不同的结构，搭建出风格迥异的造型，如东方明珠塔、央视"大裤衩"等；语言也可以通过不同的结构，呈现不同的思路和重心，如鱼骨式结构、顺序结构等。好的表达结构是目标导向的，让别人跟着你的节奏，一步一步进入你呈现的世界中。

结构化表达的有三个核心原则：一个中心、合理分类、逻辑顺畅。下面来详细介绍一下这三个部分。

1. 一个中心

一个中心就是主题，让听众明白你的核心观点。建议采用前述金字塔原理中的"结论先行"法，先用一句话概括你的结论，再来解释。类似于议论文中先抛论点，再多个论据论证，结尾再次总结，形成"总—分—总"的表达模式。

2. 合理分类

将不同的内容分类，让听众容易记住。分类是对内容的重要梳理，很多人表达能力弱，其根本原因是不会归类。微信创始人张小龙有个观点："设计就是分类。"设计亦是表达，表达能力的高低，取决于分类能力的大小。优秀的分类既有科学性，也有艺术性。你会发现，越厉害的人分类越简洁，越能触及本质。

举个例子。你是公司里分管财务的领导，有其他部门的同事来找你报销，说："我这边有九张纸质发票需要报销。其中三张是采购发票，买了一个支架、电脑屏幕，剩下的那个我没想起来；一张餐票，是昨天部门聚会的费用；两张打车发票，是小王和小李让我帮忙一起报销的；还有四张，是前两天买奶茶和甜点的下午茶的费用……对了，我想起来了，那个剩下的采购发票是买的板凳。电子发票我一会儿发给你。"

听完这段话，你是不是已经忘记他说了什么？那么这就不是一个有效的分类。有效的整理和归纳可以是这样："我这边有九张发票需要报销，一部分是本月部门团建的费用，分别是一张餐票、两张打车票、四张下午茶票；另一部分是三张采购票，分别是张总安排采买的支架、电脑屏幕、板凳。纸质票据在这里，电子版我稍后通过邮箱发给你。辛苦啦！"

分类不仅是将内容进行任意地归类，而是要体现你的观点之间的逻辑。通过有逻辑地分类，将内容系统化、结构化地表达出来。如果你烦恼不知道怎么分类，那么可以先从以下三个常用的逻辑次序做起，当然实际可用的类别更多样化。

3. 三个基本逻辑

使用合适的逻辑结构推进内容，让人听得顺畅。

（1）时间逻辑

①定义：按照时间演变的顺序展开。

②特点：符合事物的自然发展规律，便于受众理解，也便于演讲者记忆。时间顺序是最容易掌握的一种条理性逻辑。

③关键词：过去、现在、未来。

④优势：思路清晰，既是逻辑，又是分类。

⑤案例：余光中先生脍炙人口的现代诗《乡愁》，使用的就是时间逻辑。"小时候，乡愁是一枚小小的邮票，我在这头，母亲在那头。长大后，乡愁是一张窄窄的船票，我在这头，新娘在那头。后来啊，乡愁是一方矮矮的坟墓，我在外头，母亲在里头。而现在，乡愁是一湾浅浅的海峡，我在这头，大陆在那头。"这首诗就是按照"小时候""长大后""后来""现在"这样由远而近的时间顺序，描绘了不同时期的思乡之情。

（2）空间逻辑

①定义：按照地理位置变化的顺序展开。

②特点：让听众在大脑中绘制出一幅地图，让思想的传递更有效。

③关键词：地名、方位词。

④优势：形象，便于理解，令人印象深刻。

⑤案例：鲁迅先生的散文《从百草园到三味书屋》，使用的就是空间逻辑。"出门向东，不上半里，走过一道石桥，便是我先生的家了。从一扇黑油的竹门进去，第三间是书房。中间挂着一块匾道：三味书屋；匾下面是一幅画，画着一只很肥大的梅花鹿伏在古树下。没有孔子牌位，我们便对着那匾和鹿行礼。第一次算是拜孔子，第二次算是拜先生。"通过"出门向东""走过石桥""竹门进去""中间""匾下"等提示地点的词语进行空间转换，依次展开回忆。

（3）变焦镜逻辑

①定义：犹如相机的拍摄镜头，通过调整焦距，对画面进行拉近或拉远拍摄。

②特点：有效地展现出思维的层次感，让表达更有高级感。

③关键词：小→中→大（或反向），高→中→低（或反向），点→局部→全部（或反向）。

④拉远镜头的目的：扩大到更宽的视野；处理敏感或需要保密的信息；证明选择或决定的合理性。

⑤拉近镜头的目的：着眼于细节；反驳一概而论的说法；将问题具体化。

⑥案例：你要写一篇AI技术革命对于时代的影响的文章，可以从国家、行业、企业、个人这样由大到小的拉近镜头逻辑去写。

好的表达不仅逻辑清晰，而且绘声绘色，令人信服。逻辑清晰不仅是一种技巧，也更是一个人为人处世的标准在不同场景下的体现。通过练习"一个中心＋合理归类＋三个基本逻辑"的结构化框架，相信能帮助你建立结构化表达的能力，无论多么复杂的内容都能快速理清头绪，并明白晓畅地传达给他人。

结构化表达案例

为什么有的人总是表达不清晰？也许是因为不自信，也许是不知道要说什么。有的人干脆不说，免得多说多错，其实不说比说错更可怕。以下两个案例教你如何运用结构化表达。

1. 按照时间顺序

赵本山曾经有个春晚小品《昨天　今天　明天》，以采访的形式讲述，采访的逻辑就是过去、现在和将来。时间顺序的叙事逻辑很容易让听众明白事情的原委和发展脉络。

举个例子。如果公众号负责人汇报工作，按照时间顺序可以是这样："我们的公众号于四月初上线，上线时粉丝有十五个，因为是刚开始做，没有基础（过去）。经过一个多月的运营，现在粉丝突破了五十万，比预期的要好一些，主要是因为我们公众号的内容得到了用户的认可，他们私信反馈说我们的干货很有用，能学习到很多知识（现在）。接下来，我们要继续做出更多有价值的干货内容，让公众号的粉丝学到更多知识，获得超预期的体验；同时可以让付费用户进入快车道，学会如何用更少的时间获得更好的职位和薪资（将来）。"

如果你在讲述一长段内容时没有逻辑，东一榔头西一棒子，让听众抓不住重点，老板听了头疼，你以后工作的前景也会头疼。"过去、现在和将来"这个方法容易记住，适用的场景也较多，呈现逻辑比较清晰。

2. 按照流程顺序

当讲述时间只涉及当下，不含过去、将来时，可以尝试采用流程顺序。

仍以公众号运营为例，当负责人汇报如何把公众号运营得更好时，可采用用户使用的流程顺序：推文标题—账号简介—付费服务。"用户首先触达的是某篇文章的标题，我们可采用'××课'格式来吸引受众群体。受众一般不会是喜欢娱乐八卦的，而是有学习提升意向的。当用户对这篇文章很认同，想看看公众号里有没有其他同类题材有价值的文章，就会点进公众号主页去看简介。我们的简介可清晰地写明主要领域，例如职场服务，包括职场充电、职业规划、职场问答、导师陪伴。这一步能更精准地筛选出粉丝，关注我们的一定是有职场晋升需求的。当粉丝看到公众号对自己的工作有价值，就会查找有没有深度专业性的干货，我们可以通过界面功能和推文广告等将他们导向课程服务，进一步提炼出付费用户并进行转化。"

通过这种工作流程法来表达，可以让领导明白你对工作心中有数，而且对每个环节都有建设性建议，把工作交给你很放心。

正所谓："说不出来做不到，说不清楚做不好。"如果你不会说，说明还没有弄懂事情的原理，没有形成一个核心观点；如果你说不清楚，说明表达缺乏逻辑，缺乏结构性。非结构化表达犹如乱麻，你自以为事事都讲到，但是它们纵横交错，让人无法理解；结构化表达则如金字塔，观点在最顶端，下面每一层围绕观点依次展开，条理清晰，让人一目了然。

为什么结构化的表达容易理解？因为大脑的记忆力有一个特点，就是更容易记住有结构的内容。比如，"123456789"和"261893547"两组数字，前一组按递增顺序排列，你一下子就记住了；后一组没有结构，要想记住就很吃力。只要进行结构化表达，就能让你头脑清晰、语句顺畅，听众也毫不费力。

同频表达法：润物细无声

同频表达法是建立共情的能力。要让对方一听你的话就觉得，"你好懂我呀"。我们在工作中常常听到有人打趣："甭说啦，你俩不在一个频率。"两个人不在一个频率，说什么都是白费，不是吗？

如何在沟通中实现和对方同频？有以下四种方法。

学会倾听

倾听是一种非常重要的表达力。如果不会倾听，你在客户面前势必不受欢迎；如果不会倾听，你的工作效率不会高。

作家海明威曾道："人用两年时间学会说话，却要用一辈子学会闭嘴。"聆听的能力远远比我们想象中重要得多，要想学会高效表达，首先要学会聆听。

有人会问："我听力又没有什么问题，谁还不会听呢？"

我相信你听过这句话:"我都跟你说了多少遍了!"所以,听到不等于听懂,一个人的倾听能力往往决定了他人生的高度。常见的一个例子,是父母们爱子心切,从孩子小的时候就对他说:"好好读书,将来做一个对社会有用的人。"有的孩子听进去了,努力读书、努力工作,给自己创造了一个良好的生活环境;而有的人没听进去,把人生过得很糟糕。有时你选择听谁的话、怎么听会直接影响你的人生。

那么,怎样听清楚对方想表达的内容呢?

(1)对方表达完毕后,确保自己从头到尾没有听漏;
(2)思考对方是基于什么立场;
(3)结合自己和对方的关系;
(4)理解对方表达的核心信息和核心观点。

我们可以用前面学到的逻辑表达法,抽丝剥茧地分析对方的言内之意和言外之意,再基于这些信息决定如何回应。

学会赞同和认可

有效倾听不是被动吸收,而是在听的同时还要总结、询问和确认。心理学中有两个好用的沟通方法,叫作"跟"和"领"。

什么是"跟"?"跟"就是跟进,确认对方的情绪。对待情绪问题时,懂沟通的人会跟着对方走,而不是拧着、逆着走。人们可以感觉到别人对他情绪的肯定,很多艰难的沟通都

可以通过"跟"情绪的方法去化解。比如，你接到一个投诉，此时投诉人着急。错误的做法是你对投诉人说："您别着急，我去给您问问。"原因是你否定了他的情绪，矛盾肯定会被激化。正确的说法是："您现在肯定特别着急，我马上给您确认一下。"成年人的情绪问题是不可以被讨论的，只能被肯定。你在肯定他的那一刻就和他同频了，之后他就愿意继续听你讲话。"跟"的基础应用就是顺从情绪，先解决问题。

没有人喜欢被否定，哪怕他说的话再糟糕、再离谱，这是人性。当对方表达出自己的观点之后，除了原则性的问题，请尽量赞同和认可对方，这样对方会很有分享和表达的愿望，促进沟通更高效。有人可能会说："你这不是让我违背良心说假话吗？"我们的每一句话应当基于事实，但你总能找到合适的角度，去赞美和认可对方。请记住：赞美不了结果，就赞美行为；赞美不了行为，就赞美动机。

举个例子。在职场中，小李工作认真努力，向领导提出升职加薪，却被拒绝了。你作为同事，得知这个糟糕的结果，当然不能说："恭喜你被领导拒绝了。"但可以从认可对方行为的角度去安慰："小李，你平时工作这么努力，我们所有人都看在眼里，领导应该也知道。领导这次没给你加薪，可能是最近碰到了什么难处。你千万别气馁，守得云开见月明。"你看，换个看问题的角度和说话的态度，整个感觉就完全不一样了。

"君子和而不同，小人同而不和。"我们要做君子，去接纳别人，感受别人的状态。

学会引导

"领"就是指引领、引导。引导是一种主动的沟通,既能推动对方开放信息,也能促成自己想要的商议结果。要想沟通顺畅,先要引导对方表达自己想说的内容,同时避免"一言堂",始终由一个人表达。你需要做的是为对方开启话题,让对方有自由发挥的空间,同时要确保内容不偏离主题,否则就会陷入双方自说自话、驴唇不对马嘴的状态。

开启对话的问题有:

(1)你平时有什么兴趣爱好?

(2)你们公司最擅长做什么项目?

(3)你对这件事情有什么看法?

……

以上只是一些基础的引导话术,真正有价值的谈话方式应该引导对方给出关键信息,让对话朝着自己想要的方向发展。在引领观众和己方达成共识方面,现代许多关键意见领袖(KOL)的表达方法很值得参考。某主播走红网络,其原因肯定是多方面叠加的,天时、地利、人和。但他的播讲最令人印象深刻的是什么?是双语,还是人文、历史内容的输出?都不是,最主要的是他能让看直播的观众产生情感共鸣。他的人生经历是生于阡陌之间,受过高等教育,初出茅庐,又濒临失业;梦想一夜暴富,痛失初恋;理想很丰满,现实很骨感;还

贷后囊中羞涩,与父母报喜不报忧。这些关键中,总有一个能让草根大众看见自己。这样的情感表达在短视频平台上被放大几倍,同时他也会在直播里用自己的精神和故事来引领观众。

另外,在沟通的过程中,请注意自己的语气,少使用反问句。例如,可以把"这么简单的事情你都做不好,你难道没听懂吗"改成"这件事我们换个解答方法会不会更好?当时可能是我没有表达清楚"。你还应该善用"呢""呀""啊"等语气词,让自己的态度听起来更亲切,毕竟人们更愿意跟和善的人沟通。

换位思考

同理心是人与生俱来的能力。几个月的婴儿看到其他孩子哭,自己也会哭。但成年人有时反而会忘记使用这项能力。同理心就是俗话说的"将心比心""换位思考",但是仅仅思考还不够,还需要"换位感受""换位行动"。

你是否也曾苦恼,虽然很用心地与对方沟通,却达不到预期的效果?要改善这种情况,我们需要保持同理心。也就是从对方的立场出发,根据对方的需求、性格、背景等去理解他的言论和行为。这会让我们补充自己局限的视野,看见更广阔的世界,当然也有利于促成某种互利共赢的沟通结果。

只强调自身而忘记换位思考的沟通必然会失败。例如,职场人努力做出的方案得不到老板或甲方的认可,会觉得非常委屈。这或许是事先没有做好沟通,充分交换和理解双方的需求和意见,造成最终的结果不如人意。也许双方都没有做到换位思考,都只站在自己的立场上思考问题,让原本的沟通变成了自说自话。

虽然我现在对沟通术能侃侃而谈,但我在刚入职场的那些年也是沟通苦手。团队的其他成员都很害怕和我沟通,觉得我没法理解他们。于是我反思后,发现是我在考虑问题时不够全面,没能考虑到其他人的立场和视角。

古诗云"横看成岭侧成峰"。看待事物不同的角度会让事物"变了形态",所以我们要尝试站在对方的视角看待事物,说出对方的心声,理解对方的诉求。时常从多个角度看待事物和他人的观点,就不会过分自得或自贬,也会让对方感到如沐春风。

> 表达在不同场合有不同的价值和意义。关注和支持你的听众,是从情感上先将对方拉至与你同一阵营,再去谈事务会容易许多。如果你与客户或伙伴沟通时更细心地关注对方本人,倾听对方的语言,看到对方的非语言行为,让对方与你保持同频,就可以更快达成合作目标和工作内容的一致性。
>
> 希望同频表达法会助力你提高工作和生活中的沟通效率,让表达更有质量。

同频表达法：四两拨千斤

"表达"，先表述，再达到。表述的内容是否有温度，核心点在于能否触达到听众。如何让表达更有温度？

传说苏丹王梦见自己的牙齿掉光了，醒来后招来智者为他解梦。智者说："陛下，您很不幸，每掉一颗牙齿，就会失去一个亲人。"苏丹王大怒："你这个大胆狂徒，竟敢胡言乱语？给我把他拉出去斩首！"苏丹王又找来一位智者，向他述说自己的梦。第二位智者道："高贵的陛下，您真幸福呀，这是一个吉祥的梦，意味着您比亲人们更长寿。"苏丹王听完，命人奖赏这位智者一百个金币。

两位智者其实表达的是同一个意思，为什么第二位得到奖赏？这就在于他们表达方式的不同。在很多情况下，幸福与不幸，甚至战争与和平都系于一句话。我们虽然提倡说真话，但需要选择适当的方式。表达不当也会引起严重的问题，导致交流进入一种情绪对抗的状态，双方开始无意义的消耗。原本是为了一起达成一个目的，现在变成"我要在这里打败你"的一种急迫想赢的心理。人们出现情绪波动，常常是因为某些需求没有满足，所以此时最需要的是去找到这个需求，而不是一味地发泄情绪。因为情绪是一把双刃剑，攻击性地发泄的确让你觉得很痛快，但只会导致结果变得一团糟。

电影《中国合伙人》中有个调节紧张氛围的谈判例子。成东青、孟晓骏、王阳在美国就他们的新梦想公司对EES侵权的问题进行谈判。谈判刚开始进行得很艰难，美国人特别强势，要求他们销毁全部教材并赔偿千万美金。孟晓骏情绪比较急，一言不合就准备对簿公堂。双方摆出吵架的架势。大家知道谈下去不会有结果，于是休会，先吃饭。吃饭时三个人调整了情绪，了解了互相对公司上市的构想，提振了信心。回到会场后，王阳送给美国人一盒月饼，并说："一是下个礼拜是中秋节，二是如果等下打起来，还可以拿它来砸你。"那个美国人乐了，气氛缓和了许多。然后成东青拿出相关的法典，让对方随便抽一条他都能背下来。这样通过转换一种策略，让气氛缓和下来。当气氛得到缓和后，我们才能够找到更好的交谈方法。

我们普通人为什么在交谈时出现各种各样的问题？就是因为双方都只执着于把自己想说的话说出来，只想把自己的埋怨、委屈一股脑地都讲出来，甚至把陈芝麻烂谷子的事都搬出来了。这时候我们应该先平复情感，让双方的情绪得到缓解。

那么，沟通中遇到剑拔弩张的情况，哪些方法可以使对话回到安全域内呢？如何让和谐的氛围继续下去呢？

道歉

道歉是一个特别有效的缓解方法,人们最怕跟永远不会认错的人对话。比如,"我刚刚说的话可能有点过分,对不起,我刚刚说得不太合适。""抱歉,有的地方可能我掌握得也不是很好,如果有说得不对的地方,希望你能够指出来。"

有一个很值得借鉴的品牌公关案例。海底捞有一段时间被报道后厨很脏,有死老鼠。海底捞没有犟嘴,而是出来发了一个危机公关的公告:"首先,我们承认后厨有老鼠这个事实。其次,我们对这个事情做了如下处理措施。第一,以后我们将把厨房改成透明的;第二,相关责任人是××,现已受到惩处;第三,我们将实施举报有奖的制度,责任人是××。"这个道歉信非常有诚意,值得我们学习。

对比说明

对比说明是将对双方有利和有害的结果一起呈现。比如,夫妻为了孩子学习问题而争执时,一方可以说:"我今天找你来,是希望能够解决孩子的学习成绩问题,不是想让你觉得我要责怪你。"剔除了情绪,就事论事,把解决问题放在第一位,这也是夫妻之间的相处之道。又如,员工向老板提升职加薪时,可以说:"我今天来找您,主要是为了找到一个让我发挥更大作用的方法,绝不是来向您提条件的。"这样,你就能够把想达到的目的和不想达到的目的都说出来,有助于气氛缓和,建立好双方平静地沟通的心理预期。

创造共同目的

创造共同目的,是将双方的关注点从眼前的矛盾中抽离出来。比如,当你在商务谈判中发现对方有些激动或生气,可以说:"大家求财来的,不必拼命。"当你和伴侣发现互相情绪不对时,你可以说:"亲爱的,咱俩都希望这个家变得更好。"当你在工作场合中与同事有争议时,可以说:"咱们都希望公司能够做出更棒的产品,有良好的发展。"强调共同目的时,双方都希望把这个事快点解决,所以会觉得安全,都会拿出配合的态度来解决问题。

时刻保持尊重

尊重是保持良好沟通的基础。它就像空气一样,在的时候你没有感觉,但不在你立刻就能感觉到。尊重他人表现出的是一个人的修养,你要对身边的每个人发自内心的尊重,而不是表面上彬彬有礼的冷漠,这种修炼要慢慢进行。当你发现对方

情绪不佳时,可以反思一下,是不是自己刚刚说的话不够尊重对方。

  我们时时刻刻都在通过言语展示着自己的立场,哪怕是打招呼的一两句话都蕴含着情绪。在沟通中,70%靠情绪,30%靠内容。道歉、对比说明、创造共同目的、保持尊重这四个方法能够有效地把紧张气氛缓解下来。但是不要把它们仅仅当成技巧,学习这些的最终目的是更好地沟通,你更应该让它们成为下意识的动作。

  希望大家都成为有涵养、包容度强、沟通有温度的人,让有温度的表达真正刻进大脑里。

非语言表达法

表达并非局限于语言，你的神态、穿搭、肢体动作以及整体的气质和状态，都在传递很重要的信息。

肢体语言又名身体语言，指通过肢体活动来表达信息，主要包括眼神、手势、姿态、动作等。梅拉宾法则告诉我们，一个人对他人的印象有7%取决于谈话的内容，辅助表达的方法如手势、语气等占38%，肢体动作所占的比例则高达55%。也就是说，93%接收信号的渠道与语言无关，这是相当大的一个比例。

为什么我们很清楚自己在说什么，却几乎意识不到自己是如何用声音、面部表情和身体来传达信息的呢？

我们尽管可能意识到自己在非语言交流中有一些缺点，但很奇怪的是，几乎没有人去解决这些问题。例如，有的人在工作场合会花很多时间和精力准备精美的PPT、精心研究主题，却忘记了自己的肢体语言。他们倾向于避免与听众进行目光接触，与听众的互动非常拘束。

我们的身体会在意识不到的时候发出数百种信号。我们虽然不可能完全感知和控制每一个微表情和肢体动作，但可以通过一些训练提高对它们的认识。下面介绍非语言交流的两个方面及其具体的技巧。

语气

你可以在一个人在家的时候大声读一段书中的段落，并录下自己的声音，接下来从以下几个方面分析录音里自己的语气。

1. 响度

你说话声音够大吗？在噪声比较多的场合，别人能听到你讲话吗？其实很多人说话声音很轻，但是自己感受不到。通过录音自查能训练自己大声发言的能力。

2. 抑扬顿挫

你的声音听起来充满活力还是单调无趣？一场有活力的演讲必须包括音调变化、强弱变化、节奏变化和恰当的停顿。例如，在句末提高声调会让这句话听起来更像一个问句。强调关键词对于加深听众的记忆有帮助。同时，逗号和句号后的短暂停顿会便于听众理解。

3. 清晰度

你如何评价自己的发音？口齿够清晰吗？也许这个因素不容易评估，因为你可能太熟悉自己的说话方式了。因此，你需要把自己的录音放给其他人听，然后让他们把你说的话重复一遍。如果你发音清晰，他们很容易就能复述出来；如果他们做不到，那说明你的口齿可能不够清晰。

4. 语速

你说话快还是慢？和说话声音小一样，语速快的人也会被不断地要求重复他们说的话，因为听众很难理解他们说的话。另外，讲话的节奏也取决于中间停顿的时长，如果你说话比较匆忙，可以在几句之后加上一些停顿。

姿势和手势

我小的时候，母亲经常告诉我要站直，防止我驼背，相信你也有类似的经历。然而，挺直胸背在防止驼背以外还有更多的意义，那就是母亲试图告诉我要更自信地度过一生。的确，挺拔的姿态可以彰显出主权和自信。除此之外，我们的头、肩膀、胳膊、手、脚和腿在非语言交流中也起着重要的作用。

1. 头和肩膀

一个人如果肩膀耸起、头垂下来,这是不安全或不舒服的表现,因为这个姿势看起来像一只躲在壳里的乌龟。而昂首挺胸的人可以表现出高度的自信,头部微微倾斜会展现出强大的交流兴趣。你从对方这样的姿势可以读懂他的积极态度。

还有几种头部或面部动作,请尽量避免:

(1)不停地转动眼珠。这是缺乏自信的表现。对于有些人来说,这可能是个习惯,但是请尽量控制一下,可能会取得更好的交谈效果。

(2)避开目光接触。缺少眼神接触会让人怀疑你隐藏了某些事实,也表示你缺乏自信,对沟通不感兴趣。

(3)露出皱眉或者其他不开心的表情。对方会感觉到你在心烦意乱,对周围的人表达抗拒,同时干扰说话者的节奏和心情。

(4)语言和面部表情不一致。不一致的语言和面部表情会让对方觉得不对劲,并且开始怀疑你是否在欺骗他们。

(5)频繁夸张地点头。对方可能认为你在掩饰真实的想法,其实你并不赞成或者并不理解谈话的内容。

2. 胳膊和手

双臂交叉表达出一种疏远的态度,这个姿势本能地在保护身体敏感的部位之一——腹部,以免受到可能出现的攻击。因此,它是一种防御姿态,而不是欢迎姿态。

以下是几种在沟通中常见的错误的肢体语言，请对照自己有没有这些问题：

（1）夸张的手势。夸张的手势暗示你在夸大事实，在正式严肃的场合会让他人感觉不舒服。

（2）频频看时间。在沟通的过程中频频看时间暗示你有些焦虑、自负，不尊重对方，仿佛你有更重要的事情去做，急于脱离这个谈话。

（3）坐立不安或摆弄头发。这样的小动作表示你焦虑、精力旺盛、注意力不集中。

（4）双臂下垂，无精打采。这是不尊重对方的表现，表示你开始厌倦这场对话，一点儿都不想待在那里。

（5）身体与交谈者拉开距离。你的身体与交谈者拉开距离，就等于告诉对方你对谈话的内容并不感兴趣，或者不信任对方所说的话。两个人的距离太近也不行，会让对方没有安全感，有一种领地被侵犯的恐惧感。通常半米是比较合适的社交距离。

3. 脚和腿

我们在交谈时，脚和腿会无意识地指向我们想要走的方向。如果我们的脚指向谈话对象，就是在下意识地欢迎对方，想继续这场谈话；如果我们有一只脚指向最近的出口的方向，那就表示想尽快离开。

两腿之间的距离也会传达出一些信息。双腿跨立的姿态表达了对领土的主张，你常常可以在职场精英的男士或女士身上

看到这种姿势。通过这种方式,他们传达了一种主导态度,比如,在工作场所、人群聚集的场合中暗示自己有竞争的想法。相反,双腿合拢则意味着害羞和不安全感。双腿与肩同宽的站姿是表达自信的最好方式,同时也暗示和对方是平等的。

本章讲述了表达力的四部分:第一部分,学习演讲的重要性;第二部分,高效表达法,让说话逻辑更清晰,准确传达信息;第三部分,同频表达法,让表达有温度,实现自身的价值;第四部分,让肢体动作为表达加分。

学习了表达力后,请你知行合一。将理论应用到生活和工作中,让表达清晰有力,让别人感觉舒服,同时自己不惧任何场合、应对自如。希望表达力可以真正帮助你实现更高的目标和理想。

法则 3

1% 领导力
从韧性到威信

女性领袖如何做到亲威并存?

女性创业有哪些拦路虎?

平衡事业和家庭是一个伪命题吗?

如何由内而外地提升气场?

为什么有的女性做决策优柔寡断？

请先做一下状态检测：你是否在做决定的时候常常犹豫不决，会问很多人的意见，问过后却更加没有主张？对于生活中的大小事情，你是否喜欢用"随便""都可以"来回应？遇到难决策的事情，你是否会习惯性地逃避、拖延，最后不了了之，然后又不停地责怪自己？

如果以上三点中有一点与你的情况吻合，那么你已经被"优柔寡断"缠上了。你需要第三法则——1%领导力。一点点领导力的提升并不困难，但效果惊人。它是女性传统教育中缺失的一课，也是每个缺乏自信的女孩应该刻意练习的一项。

女性优柔寡断的原因

女性做决策时会优柔寡断的主要因素有如下三点：

1. 性格

优柔寡断的女性通常具有谨慎、自卑、易受暗示、随大流等性格特征。她们前怕狼后怕虎，不敢轻易表明态度，更不敢坚持己见，过于在意别人的看法。有时即使她们的想法是正确的，但是因为缺乏自信，只有在别人的支持下才敢做决定。

我有一个学员是做母婴用品销售的。最近两年母婴行业不景气，当她的朋友找她合伙开一家宠物医院时，她有点想做，可是丈夫不同意。我给了与她丈夫相反的建议，觉得开宠物医院是很可行的：因为现在年轻人生孩子的越来越少，而养宠物的越来越多，宠物市场正在疯狂膨胀，未来肯定会有更大的爆发点。她听后陷入了纠结：做怕把本金赔进去，不做又放不下这次机会。她前两天打电话告诉我，在她犹豫期间她的朋友已经找到另一个合伙人，于是她很懊恼，后悔没有抓住机会。

从这个学员的案例中可以看出，优柔寡断的人会错失到手的良机。

2. 认知

优柔寡断的第二个原因是缺乏对事物或问题本质的认识，没有从过往经验中提炼出一套行之有效的方法论。"知行合一"，纠结于行，乃是模糊于知。优柔寡断的人做完每件事后，缺少复盘、总结的环节，再遇到同样的事情还是从头来。因为不熟悉，所以优柔寡断。

学生们在读初、高中的时候，老师多半会采用题海战术，让他们不停地刷题，并总结各种题型的规律和答题方法，以便最后取得好成绩。那么为什么有的学生还是拿不到高分？要么是他没刷够题，要么是他不总结。我们在职场上，或者在爱情、婚姻里也是如此。如果遇到问题不能总结经验和教训，没有升级认知和定位，就会持续无措，进而持续逃避。

3. 家庭教育

优柔寡断的性格也可能与家庭教育有关。有的人从小在家庭溺爱中长大，过着温室花朵般的生活。她们过度依赖于他人，任何事情都有他人帮忙解决，导致缺乏独立解决问题的意识和能力。她们总是依赖于别人的意见，追随别人的做法，没有主心骨。这类女性在家依赖父母、兄弟或丈夫，在外依赖上司、同事或朋友。如果没有人在身边，她就会紧张、慌乱，失去方向。当然，其中也有教育者的责任，过于专断或包办地养育，不容许孩子反驳或自主决定，导致"巨婴"式惰性思维。

歌德曾经说过："长久地迟疑不决的人，常常找不到最好的答案。"俗话也说："当断不断，必受其乱。"优柔寡断的人，一方面会失去本来可以到手的东西，比如，一个利润可观的项目，一段可为佳话的感情，一个展现自我的机会等。另一方面，持续的摇摆不定也会侵蚀他的信心，既浪费了当下的时光，又浪费了未来的机会。恶性循环造成的心理压力，不言而喻。

一个优柔寡断的女人容易被欺负。古往今来的女领袖都是

当机立断、快刀斩乱麻的。如果你想培养领袖力量，一定要趁早摆脱优柔寡断的心态。

如何克服优柔寡断？

女性怎样才能克服优柔寡断的毛病呢？这里我给出四点建议。

1. 培养主动思维

"凡事预则立，不预则废。"平时经常开动脑筋、勤学多思是在关键时刻有主见的前提和基础。因此，优柔寡断的女性要提前谋划，做好准备，等事情来临时，运用主动思维积极应对。

另外，在你要进行决策的时候，试着适当屏蔽周围其他人的声音，埋头苦干就好。你不成功不是因为不努力，而是周围的声音太多，导致你无法做出正确的判断。周围的人尤其是老一辈的人给出的建议是有局限性的，只在他们的认知范围之内，对于你来说没有太多的参考价值。他们的思维是一心求稳，不主张创新，听从他们的意见会让你错过很多机会。你如果一定要集思广益，可以去和跟你的年龄差不多并有经验的人交流，他们的思维和认知会更加和你同频。你可以听一听他们对新兴事物的看法和理解，然后根据自己的想法坚定地执行。只知道听从他人的人是很难赚到钱且有所突破的，不要再依赖身边人,要锻炼自己的思维逻辑和独立决策的能力,勇敢地接受各种不确定性,才能有更多收获。

2. 培养总结意识

曾子说"吾日三省吾身"。"省"的是什么?很多人说是自我批判,去反思自己今天哪里没做好。但我认为,所谓的"反省"是通过反思去总结、凝练出智慧。

人要善于总结,优柔寡断的人输在没有总结意识。这里给大家介绍一种"踩坑思维"。假如你踩了一个坑,不是说抱着侥幸心理爬出来拍拍土就结束了,而要多加反思:首先,自己为什么会掉进去?为什么别人没有掉进去?其次,自己有没有可能在掉进去之前就做好防范?最后,这个坑给自己带来了怎样的教训?以后再遇到这种坑要怎么规避?这些就是你的总结意识。你在每次踩坑后都分析并总结规律,之后再遇到类似的事情,你的头脑就会变得越来越清晰,行动就会变得越来越敏捷,凡事你都能快速看清其核心,然后快速做出判断和反应,最后把想法落地执行。

总结是一个很优秀的品质,具备这种思维的人也是比较稀缺的。所以大家以后在遇到事情的时候要举一反三,多多练习,用"踩坑思维"去分析、总结。久而久之,你一定会告别优柔寡断,成为一个杀伐决断的"大女主"。

3. 培养决策意识

为什么很多人在工作和生活中总是瞻前顾后、拖泥带水?

那是他们没有掌握到决策的窍门。在我看来，决策的窍门在于"理性思考＋感性决策"。很多女性领导者倾向于理性决策，总想着等所有条件、契机都完备的时候再下决定，却因为始终找不到最优方案而难以做出决策，结果大大地降低了自己和下属的工作效率。

我的公司之前就有一个这样的中层领导。她是一个特别爱观望的人，做一件事情总会说出八百个"要不然"——"要不然我们再等等吧""要不然我们等到××时候再去处理"。每次交给她的工作都会因为她的优柔寡断而被拖延。后来我找她谈了几次话，但是收效甚微，我只能把她调到其他岗位，因为这样性格的人实在不适合做领导。作为领导，你不是一个独立的个体，你的决定关系到下属的工作如何开展，公司的项目如何推进。时间一长，优柔寡断的领导就不会被下属信服，更不会被领导赏识，甚至会成为被降职的对象。

理性决策看起来是在追求最优方案，可实际上"最优"这种情况是不可能出现的。你作为领导要先快速拿出可行的方案，再根据行动反馈去调整，这比一味地追求最优方案要高效得多。尽快行动给你带来的先发优势，远大于你犹豫不决而失去的机会成本。为什么在IT和互联网行业盛行迭代？因为迭代强调，方案有缺陷不要紧，先推行再改善，通过不断地迭代进行优化。每一个女性管理者都要培养"理性思考＋感性决策"的意识。

4. 培养流程化思维

现在很多初创企业会让家族里的亲戚全职或兼职担任管理岗位，但这样做会出现很多问题：一方面，企业管理不够规范，难以引进新鲜的优秀人才；另一方面，已有的优秀人才晋升难，认为自己机会渺茫，再怎么打拼也比不过"关系户"。作为女性领导，你如果想告别优柔寡断，就要做事流程化，"谁对谁说了算"。我看过太多女性领导在员工和亲戚意见不合的时候处理不善、任人唯亲，结果自己不断内耗，公司也没法朝好的方向发展。所以，具备领袖力的女领导一定要认清自己最想要的是什么，只有秉持着不偏袒的处事原则，企业的水才会清，才会有越来越多的人才显现出来。企业形成规范的管理之后，才会营造出持续发展的良性企业氛围。

在这里我还想延伸一点，如果你意识到自己的性格中有优柔寡断的成分，那么在管理下属时应该拿出一股狠劲。对于团队中总想要动摇军心、影响其他员工心态的"刺头员工"，你不要企图改变他、感化他，别想着用你的实际行动让他悬崖勒马，因为他会把你的善良当成他"作乱"的垫脚石。要想拥有一支战斗力强的团队，就要培养好苗子，用更高的效率去获得更多的成功。让真正努力的员工得到更好的待遇；而对于那些"破坏分子"，果断地处理掉是最明智的举动。

我之前和一个95后的弟弟吃饭，问他是如何一年内就在杭州置换了更好的车子、买好了房子，还把新媒体公司管理得很好。他只回答了一句："姐，我把公司搭建好，奖罚规定好，

员工听话就留下好好干,不听话就直接换。"当时我大受震撼,这些95后创业者们果敢、爱恨分明,处理问题有独特的视角和逻辑。我们不妨从这一批新生代力量身上学到一些优点,拒绝做优柔寡断的"圣母"。

最后,把一段话送给所有优柔寡断的女性朋友:"当你纠结买或不买,不买;当你纠结选或不选,不选;当你纠结说或不说,不说;当你纠结做或不做,去做。"

其中的道理是这样:当你犹豫应不应该买一件东西,说明实际上它对你可有可无,所以不要买;当你纠结应不应该选择,说明你心底没有认定它,所以当下不要选;当你不知道有些话该不该说,实际上是要在自己痛快和得罪人之间做出选择,而自己痛快只是一时,得罪人却要付出代价,所以建议你不要说;最后,当你犹豫要不要做一件事情,是因为不确定自己能不能做到或做好。就像你在徒步旅行时筋疲力尽,别人告诉你再走五公里就能看到一片花海。实际上,前面可能荒无人烟,也可能风景如画,但没有走过这五公里的人什么都看不到。所以这个时候不要犹豫,做就对了。

不买、不选、不说、去做。过不去的墙把它拆了,伤你的过往把它忘了,看走眼的东西把它扔了。从今天起,做个不优柔寡断、又美又飒的女人。

为什么女性做大事业很难?

近几年,我经常被女性来访者问到一个问题:为什么自己能做一些小本生意,比如开花店、奶茶店或早点铺,而且做的时候没有多大难度,但一旦要去做更大的事业或更大规模的企业,就会举步维艰?

女性做事业的阻力

女性在事业发展道路上遇到的困难远比男性多,具体有以下四方面的原因。

1. 家庭是女性的致命点

有人会问:"难道男人没有家庭吗?男人不用为家庭做出牺牲吗?"但事实上,女性的天性使得她们对家庭和子女的感情比男性强烈得多,家庭对女性来说既是礼物也是软肋。事业

和家庭对于大多数女性来说是一种难以调和的矛盾。很多在职场上叱咤风云的女性，背后也有不为人知的无奈。白天在外打拼一整天，晚上回到家孩子早已睡了，和孩子一个月也说不上几句话。还有一部分精英女性为了孩子的成长，不得已退居二线。当代女性若想在职场上站稳脚跟，就必须平衡好家庭和工作之间的关系，分配好经济生产、陪伴家人和自我成长休整方面的精力。

如今的职场不会给女性开绿灯，反而会让她们遇到比男性更多的障碍。如果一个女人在外能光鲜亮丽地征战职场，在家又能做一位优秀的母亲，给予孩子足够的爱和陪伴，那么她一定在背后付出了常人无法想象的心血和努力，是值得所有人称赞的。

2. 女性的事业会止于风言风语

一方面，女性追求的事业类型常常受限。如果是经营一家小超市，可能不会有人说什么；但如果说她一心扑在事业上，将大把精力投入店铺的扩张、连锁化等，就会受到周遭的闲言碎语。"女强人"一词至今听起来都不像好词，谁要是被评价为女强人，就相当于被打上了"强势""专制""不顾家庭"等标签。

另一方面，女性就算做出了事业，也会受到比男性更多的审视眼光。如果她们做出了成绩，就会有人说风凉话，诬蔑她们成功都是靠皮囊和色相；如果她们没做出成绩，又会被说成是"头发长见识短"，被扣上"乱折腾"的帽子。而男性做事业失败只会被描述为"创业失败"。

这个社会对事业型女性的偏见不胜枚举，她们往往要比男性付出更多、拿出更多证明，才能拿到合作的机会。但所谓的"女强人"真的那么强势吗？也许只是拼尽全力，为自己争取一份难得的尊重。

3. 女性的理性思维较弱

把事业做大，必然面临着更大的企业架构、行业架构甚至社会资源架构。这非常考验领导者的理性思维能力。以算账这件小事来说，小生意每天需要计算的成本、利润比较简单，而大生意需要计算的收入产出比或投资回报率更为复杂。有人可能会说："算账有什么难的？加减乘除谁不会？"实际上，如何提升净产值、如何优化人资配置、如何有效融资、如何维护资金链、如何低成本扩充客源和做好营销，涉及多方面的算法和风险系数，很多事业刚起步的女性是算不清楚的。其实，你不妨先参考这份事业在行业内的标杆和成功案例，看看你需要投多少钱、赚多少钱、多长时间回本等。无论基础如何，理性思维总是越学习、越训练越活跃的。

4. 女性做团队建设不易

任何事业有成的女性，背后都有一个专业、规模化的团队。小本生意的团队结构很简单，需要管理的人比较少，通常只有几个人。但做大事业的团队，涉及不同部门和领域的专业人才，人员规模扩大也带来管理难度的上升。女性做团队建设

比男性更难，因为男性领导者通常可以轻松地让男、女员工服从，而女性领导者有时候不一定能让男员工心甘情愿地为她所用。

女性如何让事业更容易成功

了解了女性做事业难的原因，接下来我提供一些方法，以下四点可以帮助你做事业更容易成功。

1. 知己知彼

作为女领袖，你无论想在哪方面有所成就，都需要做到三个"了解"：了解人性、了解市场、了解客户。

（1）了解人性

了解人性是善用人才的前提，否则你的合作伙伴和员工只会消耗你。以刘邦和项羽的故事为例，项羽是一位英雄，但并不是一个好领袖，因为他更多是单打独斗地争取天下；而刘邦精通人性、善用良将，是个好领袖，这也是他最后取得成功的关键。

（2）了解市场

如何最快、最有效地了解市场？你先要深入地研究你的同行，分析同行的商业模式、销售策略、推广策略和预期利润，然后举一反三，取其精华为自己所用。其次需要了解你的上下游产业，以及整个大行业的生态动向，这样才能对自己的定位心中有数，甚至设法走在同行的前面。

（3）了解客户

了解客户，维护客户，开发潜在客户。分为三步：首先，满足客户的需求，为他们提供物质价值或情绪价值。其次，建立并经营自己的圈子，即现在所谓的"私域社群"。有了这个圈子，你可以和客户、受众群体实时沟通，及时对你的产品和服务做出调整。最后，加入别人的圈子。但圈子要经过精心筛选，避免进入低端圈子，因为当你的水平比里面的人都高，进去只会给别人贡献智慧，得不偿失。你可以选择进入一些有门槛的高付费圈子，比如总裁班、私董会等。圈子越高端，你从中汲取到的智慧就越多，才能看到更多优秀的商业模式和管理思想。很多你认为是"疑难杂症"的事情，自己绞尽脑汁想不到解决方案，说不定在高端圈子里说一说，某一个人的某一句话就打开了你的思路。真正有领袖意识的人，善于用别人的头脑解决自己的问题。

2. 自我精进

作为领袖，给自己充电、持续精进是一种刚需。不要不舍得花钱参加行业相关或拓展方面的培训。很多大企业家名利双收之后，仍会去攻读MBA。这说明自我提升不限于身份、年龄，也不限于拥有的财富多少。在提升自我的同时，也要广交有能力的朋友。乱七八糟的朋友每天只会找你喝酒、蹦迪、搓麻将，消耗你身上的能量，让你变得越来越弱。

3. 勤奋思维

我在过往十年所见过的事业型女性中，凡是事业做得风生水起的，没有一个是不勤奋的。这里的"勤奋"分为两种：一种是肢体上的勤奋。这从她的工作时长、工作效率就可以看出，就不赘述了；另一种是思维上的勤奋。很多人会忽略思维上的勤奋，而拼命靠肢体上的勤奋来弥补。什么叫思维懒惰？在同一件事情上犯两次以上错误的人，就是典型的思维懒惰。那么如何培养勤奋思维呢？从以下几点入手：

（1）抓住事物本质

对一件事情进行透彻思考的前提，是掌握足够多真实有效的信息和准确的数据。很多人对所谓的"权威信息"不加甄别地采纳，放任自己的思维被引导，导致最后的结论是错误的，那前面一系列准备工作就相当于白做了。所以，从一开始就要抓住事物的本质、人物的目的等。

（2）设立防范机制

设立问题防范机制，就是规划好流程。当问题发生后，你不仅要解决问题，还要探寻问题发生的原因。是现行的制度出现了漏洞，还是方法和逻辑有问题？你要思考和设立相应的防范机制，避免同样的问题再次发生或衍生出其他问题，绝对不能被同一块石头绊倒两次。

（3）养成多元思维习惯

当别人向你提出反对意见或挑战时，你是不假思索地反驳，还是用谦卑的姿态习惯性地接受或忽略？一个人要想把事业做大做强,必须养成多角度思维的习惯。遇到反对意见时,你不仅要站在自己的角度思考,还要尝试站在对方的角度、用对方的逻辑思考,分析对方观点中合理和矛盾的地方。这样会让你对于问题和双方关系都有更全面、深刻的认识。多角度分析法让你的头脑更理性,思想更包容。

4. 提升气场

女人要想把事业做大做强,必须舍弃弱者形象,在别人面前展示出强者姿态。如何构建强者形象呢?你一定要有强大的气场,没有人愿意和弱者合作。事业场上柔柔弱弱的"小白兔"很快就会被"吃掉",连骨头都不剩。而气场强大的女性会给别人能量很强、赚钱很厉害的印象,更容易被机会眷顾。

女性领导者如何提升气场,用领袖魅力感染员工?

(1)外表干练

大商标的衣服、香气逼人的香水应该舍弃,可学习一些女性模范的职场穿搭,淡雅是最好的。你可以学习一些优秀职场剧中的穿搭,从气场强大的女明星身上借鉴其穿搭模式和行为模式。

(2)能说会干

你必须有效地布置工作和分配任务。作为部门的主管或行业的领袖,你本人必须足够专业,不能胡乱下指示,安排工作时不要啰唆、信口开河、优柔寡断。员工不敢小瞧和糊弄敢于拍板的果断的女领导。

 1% 法则

（3）该怼人就怼人

有些员工认为自己的情商很高，爱和女领导乱开玩笑，女领导如果为了维护亲和的形象选择置之不理，就会助长不良风气。这时候女性不要怕丢面子，一定要把这种人怼回去。如果你不表态，不尊重你的人就会一而再、再而三地冒犯你；如果你不立规矩，就会有更多人蹬鼻子上脸。

（4）做事风风火火

任何能成事、能服众的女领袖都是说一不二、雷厉风行的，这种领导大家都会敬她三分。即使做拒绝决策或裁退指令，也绝不拖泥带水。

女性做事业真的很不容易，一路需要过关斩将，披荆斩棘。但如果你选择了这条路，就请坚定地走下去。期待你能拥有属于自己的宝贵的事业财富！

女性如何建立职场威信？

在当今社会，女性管理者越来越多，各行各业的女性创业者也越来越多。在职场上，女性领导稍微处理不好，就容易给别人留下一种强势的"女魔头"甚至泼妇的印象。那么，女性领导或领袖如何有效地建立威信？这一节将通过两个方面来分析。

讲究说话之道

语言是女性领导留给下属或合作伙伴的第一印象。现实中，有的男下属喜欢跟女上司开玩笑，影响女上司的威信；有的女下属跟女上司产生分歧时不能有效地沟通解决，影响女上司的亲和力。

怎样的表达方式才能让你的威信和亲和力并存呢？对此有五个要点。

1. 刚柔并济

请记住,威信不是泼悍,不是借职位之便去欺压别人,而要与亲和力并存。女领导要学会用温柔的方式,去说出锋利的话。不是谁声音越大、脾气越大就越有威信,"有理不在声高",反之只会失了品德和格局。我们要学会坚定而平和地表达,也就是既要有理性逻辑、杀伐果断,也要带有感性和情商,让温柔和力量并存。

什么才是"坚定而平和"?坚定源自你的专业性,源自多年的职业素养,源自你对自己能力的认可;平和则是一种耐心和条理的表现,避免让你的专业性流于表面,而是化作一种由内而外的气场。这样你才能在每一次与员工或客户的谈判中做到风轻云淡。

举个例子。你作为领导,下周三有一个重要的客户见面会,需要下属提前写好一份演讲稿或者商业计划书。你会如何下达指令?首先,应讲清楚要点,从时间、目的、主题和预期结果几方面传达。其次,不能用命令的语气,比如"你今天必须把××事情100%完成"。尤其是女领袖,用这样的讲话方式会给下属一种很强硬的感觉,有时候会适得其反。那"坚定而平和"的表达方式应该是怎样的?

你可以这么说:"你要在下周三之前,至少提前一天把这份商业计划书做出来。计划书中有四个核心点:一是谈判要达到怎样的目的;二是如何达到这个目的;三是对客户做前期背调,剖析对方的认知、需求、现状,以及真实的市场需求;四是彰显我们的专业性,能为客户解决问题。剩下的就不用呈现在商业计划书里了,周三谈判的时候我会自己搞定。"这种坚定而平和的表达方式不仅彰显你的专业功底,也能够把你的温柔和力量合二为一地传达给员工。

2. 表情管理

高情商的领导者在人际沟通中懂得表情管理,适时地切换轻松和严肃的态度;懂得控制住语速,避免过快或者拖沓;懂得适当停顿,突出重点;懂得抑扬顿挫,让对方更有代入感。这些技巧在上台发言、开员工大会、商务谈判等一系列的职场场合中都非常适用。尤其当发言的内容较多时,做到这几点,一定有人愿意认真地听取你的发言。

举个例子。今天你们公司召开周会或者月会,你可能之前没怎么见过基层员工,他们也不太了解你。那么,如何在最短时间内,在员工的心目中占有一席之地?如何落落大方地表达出你的主题?

你可以在进入会场时,以和善的微笑向各位同事(基层、中层和高层)打招呼,用目光平视大家一圈,然后开始发言。先用轻松的态度表示夸奖:"我对这场例会期待已久,今天很开心来到这里。这一个月以来各位同事的表现都很优秀,公司上个月的业绩以及管理体系也得到了全新的升级,请大家把掌声送给自己,感谢自己上个月的辛苦付出。"鼓励完毕后,换成严肃的态度:"我认为我们这么卓越的团队,如果能把某几个点优化一下,会在下个月乃至往后的每个月做得更好。"具

体来说，比如："希望我们的高管同事优化战略目标，把公司的核心需求精准、有效地传达给中管……中管同事把控好项目进度和执行效率，做好承上启下的沟通和协调……基层同事落实好各部门工作，及时向上级反馈问题。"最后以积极的愿景收尾："我希望在下一次例会中，能够见到各位同事很大的变化，也希望我们的团队在未来能够茁壮成长。"这样，就做到了轻松和严肃态度的适时切换。

其中关于表情、动作的控制，还有一些细节要注意。比如，当你把某个任务交代给某人时，不要低头看电脑、频频喝水、拿手机等，而是直视对方。交代完全部对象后，也要严肃地扫视所有同事，确保每个人都会按照指令行事。

3. 减少弱化词

职场就是权力场，谁的影响力大，谁就说了算。有一句话说得好："在职场上，身份永远大于能力。"一个人能力再怎么强，永远是为有身份的人所用。比如，我们公司喜欢用学历高、专业能力和职业素养强的人，他们逻辑清晰；也喜欢用情商高、思维灵活的人，他们沟通不吃力。为什么要搭建这样的团队？因为跟他们打交道，我只需要定下目标和匹配人事结构，就能在最短的时间内取得成功。

面子是别人给的，里子是自己挣的。不是因为你是老板就非常牛，而是因为你提出的每一个战略布局是正确的，你所讲的每一句话是精准有效的，所以员工愿意听从于你。表达方式也在某种程度上反映了你的权力和地位，很多女性管理者有一些习惯性弱化的表达方式，给人留下糟糕的印象。

有一个发生在我身边的案例。我们公司以前有个中层管理人员，专业能力不错，比较细心，也很有情商，后来却离开了公司。为什么？虽然她对很多问题有好的想法，但是她的提案经常被公司的高层团队和我否决掉。她有一个很明显的问题，就是表达没有分量。每次管理团队开会，她说话时会一直无意识地拨弄头发，还经常用到"嗯……我想我们可以……""哎，或许我们可以……"这样的句式。"一点点""可能""应该""或者"这类词语，都让人觉得她对自己的方案不够肯定，也让听众对她的信心和能力的印象大打折扣。

公司雇佣中层管理者，是需要他们以共同利益为出发点，帮助公司解决问题，而不是事事都与上级商量，否则他们在公司就毫无存在的价值和意义。那么，如果你在职场中对自己的方案比较笃定，如何来有力地表达呢？

4. 结论＋理由＋结果

说话时把重点往前放，这就是芭芭拉·明托提出的著名"金字塔原理"：结论先行，以上统下，归纳分组，逻辑递进（第二章"1%表达力"中已详细阐述）。作为职场人，当你对自己的方案比较笃定时，建议用"结论＋理由＋结果"的结构阐述。

如果你是员工，方案被老板否决时，第一时间不是掉头就改，而是向老板解释你为什么这样做，即出发点。清楚地表达出你的思考逻辑，这样做如何为后面做铺垫，以及老板看到的

只是一个伏笔，最终你要达到什么结果。有时候不一定被老板否定就代表你失败了，职场人需要学会证明自己。

反之，如果你是老板，则更需要说话有逻辑。不要觉得老板就可以武断地下达指令，让员工直接按照你的话执行。你一定要告诉员工为什么这样做，以理服人，同时也是培养你的员工的逻辑思维能力。

很多女老板在管理团队的过程中，习惯"先给一颗糖，再打一巴掌"，还以为自己挺有情商，对方也生气不到哪里去。比如，在员工谈话时喜欢用"虽然……但是……"的句式："虽然你上个月的业绩考核没有达到指标，但我相信你通过这个月的努力一定可以达到。"这会给对方模棱两可的感觉，不知道接下来要朝哪个方向努力；同时也会给对方你不够自信的印象，他可能不愿意服从你。正确的表达方式依然是结论先行、理由充分、简洁易懂："你需要这样做……因为这样如何优化效率……相信通过这样做，你这个月能达到指标。"

5. 避免情绪化

有些女领导会情绪化用事。比如，碰到婚姻问题、孩子不听话，或者外出跟客户谈崩了，回到公司后就对下属发火。情绪化的女领导会习惯性地使用反问句，比如，"这个问题你怎么还不明白呢？"这会给下属留下"女魔头"的印象。但是如果改成"这个问题你回去还得思考一下"，就能兼顾信息和情感的传达，又可以得到下属的尊重。有这种平和心态和功力的人，无论是与公司内部的同事沟通、协作，还是和外部客户谈判、合作，都能够更高效和更高概率达成。

改变自身的弱形象

弱形象会让你在职场上竞争力下降，也会削弱你在公司团队甚至整个行业中的威信。如何提升个人威信和竞争力呢？有六个要点。

1. 守住原则和底线

无论你是领导还是员工，面对的人是何角色，从一开始就要亮出原则和底线。当有人触碰底线时，你要坚决反击，塑造出有操守的形象。这关乎你的尊严和立场。

2. 摆脱讨好型人格

讨好型人格从长远来说，不利于职业发展。它让你自降身价，工作效率变得越来越低、目标感越来越弱，最终导致公司业绩下滑。你不必讨好任何人，笑容请把握好尺度，适度的笑可以展现出亲和力，不合时宜、过度的笑则显得虚伪、谄媚。真诚的笑要留给你自己喜欢的人、喜欢的事。

有三个小方法可以助力你摆脱讨好型人格：

（1）不要总是赔笑，它会让别人看轻你；

（2）不要总是傻笑，它会降低你的可信度和专业形象；

（3）不要相信一笑泯恩仇，重要的事情需要说出来解决。

3. 敢于表达

不要害怕自己的话会得罪人。当你有意见或想法，不说的话别人永远不知道，哪怕说错了也要说，毕竟孰能无错呢？表达时要坚定、果断、有逻辑，避免唯唯诺诺、拖泥带水，否则显得没有分量，既得不到对方的重视，也会拉低对方心中你的形象。

4. 学会拒绝

不懂拒绝的人不仅活得很累，而且显得弱小可欺。如何拒绝他人呢？首先，拒绝可以无须理由。不想帮别人做的事情就直接拒绝。其次，不要解释过多。比如，"这段时间排得比较满""工作比较忙""压力比较大"，这些都是解释，解释太多会让你成为错误方。最后，拒绝别人不是你的错。拒绝别人是你的权利和自由，无须心怀负罪感。

5. 不主动帮助他人

这里的"他人"不是指真正有困难的人，如水滴筹上急需治疗费用的病人、公共汽车上需要让座的老人，而是指工作上的同事和生活中的朋友。你不欠他们什么，也没有责任和义务去帮助，帮助是情分而不是本分。但凡他们努努力就能解决的事情，请不要插手，不要觉得自己是超人。有时候人家不领情，你反而自降身价。

如果别人不主动求助，就不要去当老好人。帮了倒忙，反而会"背锅";帮了太多,别人会渐渐认为是理所应当,让你的付出失去了价值。你帮得越多,弱形象就会越深入人心。

6. 不打探他人隐私

在职场上,打探隐私是人际关系中的大忌。你要学会做个高情商的倾听者,别人不想说的事情不问,比如,女性的年龄、婚姻情况,男性的经济情况等。别人说一半藏一半的事情也不要追问,当你和对方的关系还不够密切时,对方不方便透露。这时高情商的倾听者会推测出别人没有讲出来的话,并懂得适可而止。

我见过很多在饭局上过多打探别人的隐私而遭人冷落或白眼的例子,归纳出以下三点:

(1)别人如果想说,自然会告诉你;

(2)别人的隐私对你的成长没有任何帮助;

(3)打探隐私是极无聊的事,只有弱者和闲人才会做。

以上就是我通过十多年职场经验总结出的女性建立职场威信的方法。职场女性的发展一直是一个难题,但我也见识过各行各业许多非常卓越的中、高层女性管理者。她们让我意识到,女性的"柔"并不是软弱,而是用随和的态度展现自身的专业性。以柔克刚,对抗情绪变化,坚守本心;刚柔并济,在拥抱善意的同时表现出进取心,塑造出有深度和格局的形象。

当你改变了自身的弱形象,下一步就是如何成为气场更强的女性领袖。

 1%法则

新时代女性领袖的七大原则

来自各个行业的女性领袖都问过我这么一个问题:"现代社会的女领导做事有哪些原则?如何让下属对我更加信服?"

很多事业做得风生水起的女老板,真正做到了外表和内心一样强大。她们做事漂亮,在各个场合的人际交往也如鱼得水。通过一些优秀案例,我总结了新时代女性领袖必备的七大原则。

目标导向

不要小看"目标导向"四个字,当你真正做到它,就已经PK掉很多做事犹豫不决的女性领袖了。那些在商业场上叱咤风云的女性拥有很强的目标感,做每件事情都有规划,然后不断调整和优化行动。通过高效率地完成一个又一个目标,实现螺旋式上升。现在有个网络热词叫"人间清醒",什么是"人间清醒"?就是"不忘初心,方得始终"。不忘记最初的目标,坚定不移地

追求，最后一定会以某种方式实现。你作为领导，需要多关注目标是否达成，在此过程中只要不违反法律、不触碰道德底线，很多事情都可以灵活处理。

例如，我的团队中大多是95后年轻人，经常跟着我直播到半夜。虽然有时候我很心疼他们工作辛苦，但是这个社会很残酷，不会关注过程有多辛苦，只在乎结果好不好。我常对他们说："不要在做成事情之前一直抱怨。你从走出校门那一刻起，就是一个社会人。社会是以目标为导向、以结果论成败的。所以，千万不要想着用过程中的努力去弥补结果上的不足，这样只会原地打转。"

亲威并存

"亲"不是指跟别人拉家常、开玩笑的能力，而是指亲和力。这种亲和力需要和权威感并存。在我组建团队初期，一位业界前辈曾和我说："领袖之道，得人必先得其心。"女性先天的优势就是比男性更容易有亲和力，但是很多女领导不会巧用亲和力，以至于呈现出"老好人"的弱形象，管理不好下属。在此我分享三个方法，让你的下属在感受到你的亲和力的同时，又对你存有敬畏之心。

1. 拥有核心竞争力

女性领袖受人敬畏，不是因为平时有多凶，而是在某一领

 1% 法则

域有超强的实力。硬实力是权威感的基础。

2. 情绪稳定

有人说,"女领导要做一个没有情绪的人"。我认为这种说法是片面的,人不可能没有情绪。情绪稳定不是指戒掉情绪,而是指情绪起伏不要那么大。情绪稳定是对自己和他人的一种支撑,是一种确定性。情绪稳定的女领导会令下属和合作伙伴安心,也会给权威感加成。

3. 说话简洁

女领导说话要直击要害,尽量用简短、精练的文字表达意思,不要对任何人都掏心掏肺。试想如果领导像白纸一样被人一览无遗,还有权威感吗?你要让下属知道你很有实力,但始终摸不透你的实力有多深,这样他们才能对你长久敬畏。

在这三点的基础上加入亲和力,你的气质就会得到无形的加成。当你内在坚定、掌握全局,但外在柔和,就会给员工一种"领导不仅厉害,而且人很好"的感觉。

执行力强

执行力强意味着不内耗、不纠结、不拖延。生活中很多女性经常在细枝末节上纠结,比如,"我今天的衣服搭配哪条丝

巾好看？""我今天是吃套餐还是单点？""今年的双十一我要怎么凑满减呢？"……这些小事并不值得花很多时间，有些人却在一次次纠结中浪费了时间。相反，事业有成的女性领袖通常不会在大小事务上瞻前顾后、拖泥带水。她们雷厉风行、说一不二，不会把精力过多地放在服饰搭配、吃饭点餐上。

对此我深有感触。我的公司在杭州，杭州是出了名的"美食荒漠"。我接触过的许多女性大老板、大领导从不纠结每餐吃什么，无论堂食、外卖还是让家里的阿姨做饭送来。她们对吃的要求很简单，能填饱肚子就行。不在小事上纠结，而是把全部精力都投入更加有意义的事情上去，所以她们的公司越做越大，自己的势能越来越强。

杰克·霍吉在《习惯的力量》中有句家喻户晓的名言："思想决定行为，行为决定习惯，习惯决定性格，性格决定命运。"拖延的习惯只会带来拖延的人生，蚁穴溃堤。

低调做人，高调做事

低调做人是步入社会的基本要求。高调做人的人很难有人愿意同行，也容易招来是非。在饭局上过度吹嘘过往、炫耀财富、彰显身份的人，是拉不到什么有效的投资和合作的；真正有本事的人，早就学会把自己调成"静音模式"了。

为什么又说要高调做事呢？有人会疑惑，做事高调与做人低调难道不矛盾吗？其实不然。做事高调是指如果你有能力

和信心做好一件事情或一个项目，就一定要竭尽全力证明自己的实力。以前有句老话："是金子总会发光的。"但在现在的泛媒体时代则不一定，很多人明明很有才干，却因做事过于低调而被埋没。所以，当你有真才实学时，完全可以不做"扫地僧"，而是大方地展示，让别人看到你的能力，从而赢得更多的尊重和机会。

对于企业主管来说，高调做事就是打磨产品、宣传造势，这是你的面子；而低调做人是你的修养，这是你的里子。经营好面子，又维护好里子，内外均衡，你才更容易成功。

培养他人

培养他人比独善其身更重要。如果你的下属只是因为你的权力而服从你，那么你是一个低段位的领导；如果他是因为你的能力和才华而追随你，那么你是一个中段位的领导；如果他是因为你的人品而敬重你，那么你是一个高段位的领导；如果他是因为你的培养而感激你并一直效力于你，那么你是一个顶尖的领袖。

领导力大师麦克斯维尔在《领导力21法则》的"增值法则"中指出："唯有领袖才能栽培出其他领袖，因为人无法带给别人自己没有的东西。"一位女性领袖如果只会自己做事，不去培养下属，自己就会越来越累，要做的事情越来越多，下属成长得越来越慢，公司也发展得越来越慢。相反，如果一位领袖能够不断地培养中、高层管理者,那么公司一定会越做越强。

如何培养下属呢?这里有很多五百强企业的领导都在用的四个步骤,你不妨尝试一下。

1. 你做,他看

你做事的时候让员工观摩,用实际行动向他示范。这样既可以把事情做成,还可以体现你作为领导的能力。

2. 你说,他听

你用语言向员工解释你是怎么做的,在巩固他的记忆的同时,把方法提炼为精简的流程。

3. 他做,你看

当你把流程和方法都讲解清楚后,就让员工尝试自己行动。你在他行动的过程中适时地给予建议和指点,优化他的行动。这一步是将理论转换为实操的重要环节。

4. 他说,你听

一旦这个员工既能成功实操,又能讲清理论,就说明他已经掌握背后的逻辑和方法了,之后同类的事情就可以放手让他去做了。

有大格局

说到格局,你可能会联想到影视剧里的一些"大女主"形象。在现实生活中,如何做一个有格局的女性领袖呢?给你五点建议。

1. 不受干扰

很多人之所以不快乐,是因为总是被别人的目标所干扰,不由自主地和别人比较。有格局的人会专注于自己的目标,不轻易被诱惑误导,而且宠辱不惊。

2. 懂得舍弃

有格局的人明白什么对自己是最重要的,对于那些不重要的事物会及时舍弃,不重要的人会及时放下。例如,当你对一个项目投入了很多时间、精力和财力,但随着项目的推进,你意识到未必有好的结果。如果你舍不得沉没成本而不肯放弃,结果会损失更惨重。这时,你更应该把精力放在当下和未来,及时止损。

3. 开放视角

打开心胸,接受多元化意见和建议。世界上从来没有唯一的定论,很多事情的是非只在人心。有格局的人能够做到兼容并蓄，以宽容的心态看到更多的角度，从不同的人身上不断学习。

4. 自知之明

有自知之明的人清楚自己的优势，并能够最大化地发挥出来；也清楚自己的劣势，并能够设法弥补。她们不会好高骛远，也不会妄自菲薄，有着清醒的自我定位。

5. 定期复盘，反思得失

机械地学习而不加思考，人只会成为知识的过客，徒增焦虑；盲目地经历而不加总结，人只会重走老路，不会真正成长。投资家巴菲特曾把复盘称为"世界第八大奇迹"，联想集团创始人柳传志也曾说过："我的人生秘诀之一就是勤于复盘。"复盘计划可分为日复盘、周复盘、月复盘以及年复盘。做完一件事情后，我们应该把执行前的计划、目标记录下来，再梳理执行中的优缺点，不断地积累经验教训。

胆识过人

女性领袖最忌讳使用缺乏自信的语句。你说的每一句话都要让下属信服，而且能够让他们执行；不要常常反悔，轻易地推翻已经决定的事情。这样才能给下属足够的安全感，让他们放心地为公司效力。当员工整体氛围低落时，你作为主心骨，

 1%法则

要能稳住局面；当众人争执不休时，你要有决断的能力。如果你胆识不够、畏首畏尾，或者出了事情不敢兜底，哪个员工敢跟着你呢？

我是会采纳员工建议的那类领导，在管理公司的过程中，员工提出的每一条建议我都会纳入思考。如果员工的建议之间存在争议，那么最后拍板的人一定是我，而且会以最快的速度决断，然后给员工布置任务，最后大家通力合作来完成。这样会让员工有安全感，因为他们只要完成执行的动作就可以了。

> 如果你是女性领袖，可以对照以上七个原则，看看哪些做到了，哪些还做得不够，以后在带领团队的过程中可以重点培养。如果你是基层员工，也可以依照这七条原则锻炼自己，让自己提前具备领袖思维。人们常说："不想当将军的士兵不是好士兵。"每个人都有成为领袖的可能。

法则3　1% 领导力

如何做好家庭的精神领袖？

家庭是最小的社会单元，与公司有很多相似的地方。

在领导人方面，公司需要CEO，而家庭需要精神领袖。在目标方面，公司的目标是获得利润、开拓市场；而家庭的目标是让每个成员都获得幸福，支持伴侣、养育孩子、照护老人。

如何才能实现家庭的目标呢？需要每个家庭成员共同协作、一起成长，将整个家庭的利益最大化。家庭的精神领袖就是为家庭制定清晰的目标，并引领每个成员朝着更好的方向努力的角色。

大多数中国家庭的女性没有做到这个角色，在家庭中往往扮演的是一个执行者。每天当牛做马、累死累活，陷于琐事中，而结果常常吃力不讨好，自己也被消耗得很厉害。你是否听到过你的婆婆在你面前夸过一个女人，说她很能干，家里家外事事亲力亲为？请注意，这不是真正的夸奖。如果你将家里大小活计全部包揽到自己身上，是无形中将自己变成了任劳任怨的佣人角色。

如何在家庭中扮演领导者的角色

如何从一个被动听命的执行者，变成主动的领导者呢？你需要做到以下三点。

1. 制定目标

为家庭制定共同的奋斗目标，这也是家庭的凝聚力所在。这点我的一个表妹做得特别好。前几天我参加亲戚聚会时，一个小女孩跑去问我的那个表妹："你为什么又买新房子？现在这个不好吗？"表妹说："新房子的位置更好，是市中心的学区房。以后我们家人不管去哪里都更方便，也能解决两个孩子的上学问题。"

表妹早在生二胎时，就意识到目前的房子不能满足家庭的未来需求了，于是制定了未来三年要在市中心买房的目标。她经常和我说："我们这一代要用力托举孩子，这样才能完成地域和阶层的跨越。就算我们做不到，孩子的起点也会更高，之后他们可以继续接力完成这件事。"她还会向她的家人们描绘家庭的愿景。

当一个家庭有了共同的目标和愿景，自然会劲往一处使，合力对外，同时也减少了许多内部摩擦。

2. 分工明确

家庭事务的分工，应提前协商一致。仍以我表妹的家庭为例。她是家里的领导者，老公是"合伙人"，孩子们是"队友"，公公、婆婆、弟弟、弟媳是"临时工"。每个家庭成员都会明确自己的角色和任务，各司其职。例如，婆婆负责每天接送两个孩子上学，三年多风雨无阻。如果临时有事，则会托表妹的弟弟或弟媳接送；孩子们负责家里的卫生，年龄尚小时就会把鞋柜里的鞋摆放整齐，稍微大一点儿则学会了洗碗、拖地、整理衣物和被子。大人们不会干涉孩子，即使他们做得不好也不打断，而是第二天提前为他们演示正确的做法；我表妹和妹夫在工作之余负责辅导孩子的学习，引导孩子并为他们树立榜样。今年他们还设定了一个家庭阅读时间，每晚八点到九点。大家各自选择喜欢看的书，不说话、不看手机，沉浸式阅读，营造出良好的学习氛围。

在有大愿景的前提下，家人之间明确地分工，才能相互配合，提升积极性，实现家庭共同的长远目标。

3. 学会求助

女性家庭领袖需要懂得求助。你在生活中一定有擅长的事，也有不擅长的事，对于不擅长的事就要求助。比如，过年时亲朋好友在家里聚餐，如果你不擅长烧菜，那么家里谁烧菜好吃就求助谁，或者找个厨师。不懂得求助的结果，是你忙忙碌碌半天，而大家还嫌弃你做的菜不好吃。

因此，不要事无巨细地包揽下来，做好人情往来，合理地向外借力。遇到家庭中的大事，或者重大决策，甚至要通过家庭会议或者求助外部专业人员来解决。

家庭是一个团队，需要领导者，也需要执行者和追随者。如果你能带领家庭成员做到以上三点，大家都有明确的目标和分工，发挥自己的光和热，整个家庭的精神力就是积极向上的，也更容易实现家庭愿景。

女性家庭领袖应具备的能力

除了以上三条基础，有商业思维的女性家庭精神领袖还应该具备以下一些能力：

1. 规划用钱

俗话说："一个家庭吃不穷，穿不穷，没有计划要受穷。"有规划的女性知道钱要花在刀刃上，否则有再多的钱也不够用。不懂财务规划的家庭必然少不了矛盾，婚姻关系也会因为金钱而变得紧张。在理财方面，我整理了六个诀窍：

（1）现金规划

现金规划不是指去银行取出现金放在家里，这既不方便，也没必要；而是指家庭备用金。生活中很多地方需要用钱，要想从容不迫地过小日子，你必须有一笔随时能取用的资金，如银行存款、货币基金等，以备不时之需。这笔备用金不用多，可应付三至六个月房租或房贷、车贷、伙食费、交通费等日常开支就足够了。当然，如果你有信用卡，也可用信用卡缓解当月的资金需求，增加一笔随时能用的钱。

（2）消费规划

家庭的日常开支不在话下，当有大额的消费需求时，提前规划能避免资金紧张的局面。比如买车，应计划一下什么时候买？买哪种车型？全款还是贷款买？根据预算来安排资金计划，不至于有太大的消费压力。

（3）住房规划

买房对于许多家庭来说是一件很重要的事情。租房的人在买房之后就不用再为涨房租、反复搬家而烦恼，与父母同住的人在结婚后也渴望拥有独立的生活空间，再加上目前许多城市的落户、子女上学等都和房产绑定，房产可以说是生活质量和地位的重要保障。但买房动辄是几十万、几百万块的开支，我们必须提前做好规划。你可以根据当下房价及家庭经济情况计算出首付金额、贷款额度，然后在自己的能力范围内选择在学区、交通、商业等方面配置较好的房子，这样房子未来保值、增值的空间较大。

（4）保险规划

人生中可能出现各种意外，摔伤、车祸、大病等会给我们的生活造成巨大影响。为了降低这一影响，我们可以适当配置一些保险产品来规避和转移风险。

（5）教育规划

中国父母普遍重视对孩子的教育。子女教育费是一大笔

开支,而且没有时间弹性和费用弹性,是到了孩子学龄期就需要的固定费用,所以有孩子的家庭需要提前规划。另外,孩子在国内上学和出国留学所需的费用不一样,如果教育费用比较多,那么家庭在孩子小学、中学的时候就可以开始准备出国留学等事宜了。

(6)养老规划

随着年龄增大,人们的劳动能力和获取收入的能力会下降。随着未来老龄化社会的到来,家庭的养老压力将越来越大,养老问题是我们不得不考虑的。我的建议是,首先在退休前交满十五年社保,保证退休后至少有一笔钱可领;其次,另存一笔钱用于养老,来保障退休后的生活质量。

2. 不爱慕虚荣

一个女人如果因为邻居买了一辆豪车而闷闷不乐,怎么能让自己的家庭过得好呢?如果她把心思都放在和别人攀比上,不仅毫无意义,还会劳神费力。所以,女人要想经营好家庭,一定要抛弃虚荣心,居安思危,做务实的人。懂得节约的女人才会为家庭积累财富,从而收获安全感。

3. 外表整洁

不但自己要打扮干净,家里也要保持整洁。外表是一个人的门面,外表干净的女人会给人舒适、精致的感觉,常常给人留下好印象,无论是相熟的朋友还是擦肩而过的陌生人,都能感受到她优雅的气质。而用整洁美观的房屋招待客人,也能得到外人的尊重和欣赏。爱干净是一种性格，也是一种生活态度。能够保持一切干净的女人绝对是居家好能手，是家庭中最大的财富。

4. 通情达理

通情达理的女人处事有节、说话有度。她们懂得控制自己的情绪，不会指责、谩骂、歇斯底里，在任何时间和地点都会考虑别人的感受。她们懂得体贴和理解，是家庭的治愈师，每个家庭成员在她的感染下会关系和睦、相互体贴，家庭会充满爱与温暖。

5. 用自己的幸福引领家庭的幸福

幸福是一种温暖、舒适、愉悦、满足的感觉。女人是老人、丈夫和孩子之间的轴心，是家庭的总指挥和精神领袖，是家庭幸福的风向标，也是家庭气氛的调配师。女人的情绪影响着整个家的情绪，如果她感到幸福，则意味着这个家庭是幸福的。

曾有一位父亲问著名的脑神经科学家梅迪纳教授："请您告诉我，我怎样才能帮儿子考上哈佛大学？"梅迪纳回答："从现在开始，你回家好好爱你的老婆。"后来有人问教授："孩子的学习和爱老婆有什么关系？"他解释道："在美国，对学业成就的最佳预测指标就是家庭情绪的稳定性，而家庭情绪的稳定性大部分可以被妻子的情绪所预测。"国外有句家喻户晓的谚语："老婆开心，生活舒心。'（Happy wife, Happy life.）我认为这句话应该成为每一位中国丈夫的座右铭。

6. 不依赖，不认命，不服输

不依赖爱人，不依赖婚姻，不依赖父母。依赖爱人，你会发现爱人有时不靠谱，浑身上下都是缺点，给不了你想要的安全感与幸福感；依赖婚姻，你会失去自我生存的能力，使得你在家里的地位极为被动；依赖父母，你会变得不是"妈宝女"就是"扶弟魔"。那么，不依赖你的爱人，不依赖婚姻，不依赖父母，你要依赖谁？依赖自己。只有依赖自己，才能争取到自己想要的安全感与幸福感，才能有能力解决夫妻问题。

不认命，是一种对待自我人生的积极态度，是抵消负面情绪的良药。在经营夫妻关系的过程中，有时你会发现别人婚姻生活的质量比你的高，你的爱人可能也比别人的差一些。假如你选择了认命，则会把所有负面情绪发泄在爱人身上，把爱人定义为无能之辈。结果让情感生活更糟糕，让婚姻走向坟墓。如果你选择不认命，积极寻找双方相互提升和共赢的可能性，就能把婚姻的质量提升上来。

不服输，这是针对改掉爱人的缺点来说的。是人就会有缺点，夫妻共处之中，你爱人的某些缺点会严重影响你的幸福感。很多女人致力于改掉爱人的缺点，但是始终不见成效。"抓大放小"是经营婚姻的窍门之一，你需要用不服输的精神持续地做这件事，才能把婚姻经营好。

7. 恰当示弱

女性精神独立，并不意味着在家什么事情都自己做。如果一个女人什么事都自己做,她的丈夫将逐渐被边缘化,进而失去存在感,然后怀疑这段婚姻的意义以及两个人的关系。每个人都需要存在感,尤其是自尊心很强的男人。你在合适的时候,可以表现出软弱的样子,向伴侣提出更多"要求",比如购物时请他帮忙拿包,生病时请他陪伴去医院,请他修理家里坏掉的电器,等等,总之让他感到被需要。如果你在这些琐事上撒娇,他也会更加珍惜你。

8. 增强魅力

女性的外在形象和内在修养是吸引力的源泉。婚后的女性除了提升自己的魅力,也需要展现魅力。女性应该记住,婚姻不是生活的全部,只有管理好自己,不断提升个人价值和能力,才能掌握生活的主导权。

家庭的幸福可能是平淡的、琐碎的,也可能是细腻的、精致的,是柴米油盐的调配,是衣食住行的安排,更是陪伴与理解。女人是家庭的一面镜子,也是家庭的总指挥,会在不知不觉中改变家庭的调性,影响家庭的氛围,决定孩子的成长。人们常说:"女人能顶半边天。"可见女人对家庭有多么重要。

希望你能够合理运用以上几点,成为一个合格的"家庭CEO"。

法则 4

1% 商业力
从初创到共创

零起点创业怎样提高成功率?

如何延长产品的生命力?

如何利用社群思维做生意?

选择合伙人有哪些"坑"?

法则4　1% 商业力

创业需要哪些准备？

我们常常听到"裸奔式创业"一词，到底什么是"裸奔式创业"？

"裸奔"，顾名思义，是指一个人一丝不挂地在大街上奔跑。"裸奔式创业"是指创业者刚有一个商业点子，在市场模式、产品内容、客户画像没有想好，能力、资金、资源、技术等也没有准备充分时，就匆忙成立公司的头脑一热的创业行为。

前几年成功学很火的时候，那些所谓的"成功学大师"鼓励人们卖房、卖车，赌上一切去创业，这就是"裸奔式创业"的一种极端表现。他们会说："你之所以不成功，是因为还有退路。等你斩断了所有退路，只剩面前这一条路可以走，你一定会成功。"

这种孤注一掷的做法，在我看来非常盲目和危险。我曾有一位朋友是在北京做线下教育培训的老板，开的学校有好几个校区。但是这几年，线下教培越来越难做。我之前向他提议换

一个思考方向,把资源整合到线上来,不要再把所有精力都放在线下。他没有采纳我的建议,反而卖了三套房子继续主攻线下市场。结果两个月前,他只剩下一个校区了,而且这个校区也是风雨飘摇的状态,不知道能撑到哪一天。

这个案例是想说明,商业场上风向瞬息万变,必须及时调整方向才能站得更稳。千万不要一条路走到黑,"裸奔式创业"更是要不得。我自己创业的十几年来,眼睁睁地看着太多人因为"裸奔式创业"而栽了大跟头。如果你不懂得市场的生存法则,没有过硬质量的产品,没有摸透营销的本质,就一意孤行地开始创业,一定会付出很大的代价。

第四个法则——1%商业力,在于你择业或创业时,不再采取"All in式豪赌",而是用战略思维代替头脑发热,用生态链搭建代替单点突进,构建出属于你自己的商业生态圈。找准一个真实需求,搭建一个互助的圈子,设计一套让所有人共赢的规则。只要这1%的根基打牢了,剩下99%的难题,便会有人和你一起解决。

那么在创业初期需要哪些准备,才能让后面的路更顺畅一些?这里给出五点建议。

选择合适的项目

选择大于努力,投资一个项目前必须做好市场调研,对行业现状、市场趋势、盈利模式、竞争对手及目标客户群都有充分了解。同时明确自己的产品或服务在市场中的定位，找到差异化竞争的切入点。最好选择你熟悉或擅长的领域，不要看到一篇文章说某行业是蓝海市场就"扑通"一下跳进去。如果你对所要踏入的领域还没有深入的理解，可以在创业前为同行工作，熟悉一下工作流程和管理模式。

如果你熟悉或擅长的领域不适合创业，那么建议先选择一个投资门槛较低的领域，有人把你领进门就更好了。一个完全没有接触过行业的人，迅速成为内行是一件不太现实的事情。初次创业的人力量不够，就要学着借力，跟着已经做出一定成绩的内行人去做，成功率就会大大提高，在这个过程中哪怕花些钱都没关系。如果你有一个难以被模仿或者被替代的优势，那会给你的创业大大加分。

此外，在选择项目时你要想清楚一个问题，是打算赚快钱还是赚慢钱。赚快钱和赚慢钱没有好坏之分。一般来讲，门槛低的项目普遍是赚快钱的，对于创业者的能力要求也会相对低一点儿。但凡事有两面性，正因为它门槛低，会有一批又一批人加入这个行业，它的赚钱速度肯定会变慢，因为受众群体被分流了。如果你选择了一个这样的项目，从现在开始就要做好赚钱速度变慢的预期，同时筹划好如何过渡到下一类项目中。如果你赚快钱赚得比较久了，或者手里已经有了一定的积蓄，那么可以把目光放在赚慢钱的项目上，让自己沉淀下来，做上三五年甚至十年、二十年，细水长流就是这个道理。

 1%法则

合理布局

在创业之前,必须策划好创业的内容,我将其总结为"5W1H"法则:

(1)Who(谁):谁是你的消费者?

(2)Where(哪里):消费者的痛点在哪里?

(3)Why(为什么):消费者为什么为你的产品买单?

(4)What(什么):你的同类竞争对手的核心优势是什么?你的亮点又是什么?

(5)When(什么时候):你什么时候能赶超竞争对手,成为行业的领先企业?

(6)How(怎样):你如何直击消费者的痛点?如何让你的产品触达消费者?

在创业之初搞清楚以上这些内容,之后你会很省力。它们可以推动你打造独特的优势,成为未来撒手锏。在这个基础上制定具体的商业计划,包括公司概述、市场分析、目标客户、产品或服务说明、运营计划、营销策略、财务预测等,更清晰地看见企业的全貌,并吸引潜在投资者和合作伙伴。

筹备资金

无论什么项目都需要启动资金，创业资金从哪里来？首先肯定是你的积蓄，有钱不求人是最好的。其次，家里给你的支持。你不必认为开口向家里要钱去创业是一件很丢脸的事。我个人的第一笔创业资金就是家里支持的，当时我做了一个餐饮连锁品牌，品牌的名字叫"庄迪"。我从来不避讳说这件事，也不会谎称启动资金是自己辛苦打工一点点攒出来的，我觉得完全没有必要。你只要对项目有信心，有一定的抗风险能力，那么完全可以放下所谓的面子去向家里寻求帮助，因为你很可能在攒钱期间错过项目的黄金期。

如果家里无法给提供强有力的经济支持，你又对自己的项目足够自信的话，建议你去找投资人。投资人见过的世面多，见证过的成功和失败的案例也多，随便给你出出点子就可能让你的公司更上一层楼。投资人不仅可以给你兜底，还可以为你背书。有人会问："我就是一个普通人，怎么去吸引别人的投资呢？"

吸引投资的方法有很多，最实用的方法是营销自己。没有人会愿意投资失败者、头脑空空的人或者是冷漠的人，你需要尽可能地展现个人魅力。微信朋友圈、博客等社交平台都是有潜力的招商引资渠道。

不要小瞧微信朋友圈的力量。2020年，我在朋友圈刷到

了一个想开一家新美容院的女孩,她的颜值在线、项目靠谱,只是资金有点问题。我当时对她进行了投资,最后结果是双赢的。而对于那些朋友圈是一条横线(对好友屏蔽了动态)的人,我如果不认识他,就根本不想花时间了解他,因为他的朋友圈给我一种吃闭门羹的感觉,更何谈投资呢?所以,你在创业初期一定要打开朋友圈,让它成为你的动态名片。只要你展示出成功的潜力,就算对方不是专业的投资机构,不是你的亲朋好友,也可能愿意投资你。

在此,我可以分享我经营朋友圈的方法。我是一个爱学习的人,很喜欢参与那些有门槛的学习活动,每次在学习之后会发朋友圈。我的每一条朋友圈的开头都有一颗小爱心,这是我的个人标识,也代表我的态度是积极、纯粹的,代表着我的分享内容不仅有知识干货,也有自己的见解和反思。很多人看了我的朋友圈后说:"庄迪老师,我知道你为什么会有现在的成绩了。我从头到尾看了一遍你的朋友圈,感觉比看了一本个人自传都生动。"

总之,无论用什么方法,资金问题必须提前落实。

组建靠谱的团队

个人英雄主义的时代早就过去了,每个成功的企业家背后必然有一个非常靠谱的团队。创业者应该做的是协调并整合各方资源,而不是事必躬亲。毕竟一个人的时间和精力是有限的，创业的终极目的是把事情做成。

搭建团队时，需要注意成员的配置，平衡团队各方面的能力，学会把每一个合伙人、每一个员工的价值发挥到最大。好的团队不仅在工作上省时省力，还能创造出更大的收益。我们都市女性俱乐部里有一位会员，她是做成人英语培训的。她第一次创业时，团队里的人专业性很强，都是从名校毕业的，教课特别厉害。但当团队发展到一定程度时，她发现除教学以外的其他方面存在明显的短板。于是她第二次创业时吸取了经验，组建了一个在课程研发、销售、授课、后端服务等各方面都很均衡的团队，后来慢慢地把事业做大做强了。

长期抗压的能力

创业者最重要的品质是什么？有人说是天赋、努力、乐观、自信、善于团队合作，但最容易被忘记的一点，是长期忍受痛苦的能力。人们总是把目光放在创业者成功后光鲜亮丽的表面上，甚至开始嫉妒他们，却很少关注他们背后的痛苦。实际上，创业者在得到小小的回报之前，必然放弃了很多东西，做出了很大的牺牲。正所谓："舍得舍得，大舍大得，小舍小得，不舍不得。"

我曾经在创业初期熬过很多个失眠的夜晚，从天黑一直呆坐到天亮。明明脑子里什么都没想，但整个人精神高度紧张，甚至在负债的时候动了轻生的念头，这种感受我一辈子都不会

忘记。所以，当你决定要创业，就必须做好忍受痛苦、接受失败的心理准备。揭开创业这层面纱后，你会发现底下有很多倒下的"尸体"。创业本来就是九死一生的，尤其是对于第一次创业的人，失败是再正常不过的事情了。但你可以换一种思路去想，即使第一次创业失败了，你也可以总结经验，在下一个机会来临时取得更大的成功。

创业是一场持久战，能坚持到最后的人才可能胜利。罗伯特·清崎在关于金钱思维的书《富爸爸穷爸爸》中写道："你永远赚不到认知以外的钱。"当认知没有达到一定高度时，请不要盲目地创业，更不要去"裸奔式创业"。你要做的是沉下心来学习，多看看别人是怎么做的，多了解别人的商业模式，多积累相关的案例，学习成功的方法，吸取失败的教训，先做好前期准备和锻炼自己的综合能力，再扎根下去，等风来。

产品和品牌如何提升核心竞争力？

当创立了自己的公司，有了自己的产品和品牌之后，下一步问题就是如何提升核心竞争力。

产品可以是有形的实体或无形的服务，即消费者可以看见、触摸、感受到的事物。而品牌是无形的，是属于精神层面的。产品与品牌虽有着本质区别，但又相互依存。它们就像子弹和枪，再好的子弹，没有枪就毫无用武之地；再好的枪，没有子弹就只是空壳。只有枪和子弹相互结合才能发挥出威力。

我之前有一个学生是做美容行业的，她开了十几家店。前段时间她遇到一些困难，问我："老师，现在美容行业越来越难做了，盈利也越来越低，有时候甚至还会亏损，我该怎么办？"我后来进一步了解，发现美容行业当下面临的最大问题是美容项目同质化，很多美容行业的门店都在同类型的项目、功能、技术上相互模仿。例如，当市面上出现一个热门的抗衰项目后，同类的抗衰项目就会越来越多，最终同行之间产生激烈的价格战。

于是我让她先停止与其他公司进行低价竞争,因为不能一味地靠打低价来获取客户,最重要的还是关注自身的产品和品牌。不断提升自己的核心竞争力才能吸引更多的客户,给公司带来更大的效益。她听取了我的建议后,不断引进新技术,打造了一系列独特的美容项目,凭借优质的产品和技术吸引了一批新客户。与此同时,她开始营造自己的品牌文化,提升服务质量,重点关注与客户之间的互动,又积累了一批忠实的老客户。最终,她的店铺不仅走出了困境,还使店铺的利润翻了一倍。

企业要想在市场上拥有更多客户、更高利润,必须从根本上提升产品与品牌的核心竞争力,让它们在同类产品中占据绝对的地位,这样你的公司才能实现市场突围、站稳脚跟。

如何提升产品的核心竞争力

如何提升产品的核心竞争力呢?我总结为四个方面。

1. 质量过关

产品要想拥有足够强大的竞争力,首先要保证质量过关。只有质量过关,它才能在市场中拥有硬实力,对公众有说服力。那么如何保证产品的质量呢?你需要做到以下三点:

(1)制定详细的质量管理标准

建立一套生产标准和质量管理体系,从产品设计、工艺流程、车间生产到运输和销售,每个环节都要制定详细、可控的管理标准。这套标准有助于你对产品质量进行检查，当出现瑕疵品时及时责任到人。

（2）注重细节，把握质量

在生产过程中对原料、工艺水平严格把关，执行产品生产的质量管理理念。同时，确保你的员工拥有必要的技能和知识，通过定期培训和考核来加强其质量意识和责任感。此外，选择可靠的供应商和合作伙伴，确保他们提供高质量的原材料或产品，甚至要考察其生产过程和相关资质。

（3）关注客户

客户是产品的使用者，也是最好的质量改善者。他们对产品的质量最有发言权。面对客户反馈的意见，你要积极地进行调查和整改。这样不仅能提高客户的满意度和忠诚度，也能通过一次次改进帮助公司调整方向。

2. 设计让消费者满意

在产品设计上，你要提前做好市场调查，分析大众喜欢的样式及其功能，满足大众需求就是你的产品竞争力。这里有四个实用的方法：

（1）呈现可视化、具象化的信息

利用人的视觉偏好，把产品信息通过可视化的图形设计更加直观地呈现在用户面前，提升信息的传播速度，让冷冰冰的数据有情感、有温度。

（2）巧用颜色和排版

用户不喜欢阅读密集文字，对能记住或深入了解的东西是

有选择性的。产品设计中的颜色、字体、尺寸、行间距都有可能影响用户的感受。你需要巧妙地利用合理的颜色和排版,让产品更有辨识度和吸引力。

(3)将用户的注意力吸引到关键区域

当充分理解用户的行为地图后,就要找到关键路径并吸引用户的注意,最终将用户导向你的产品。

(4)减少用户的选择

人们对于管理选择的能力和欲望是无限的。选择越多,不确定性越高。所以你应该尽量准确地提供选择,引导用户快速决策。

3. 特色导向

设计理念除了消费者导向,还有产品特色导向。它突破了传统,通过打造富有特色的产品帮助你打开市场,赢得消费者的喜爱。比如,将普通的杯子设计成卡通的人物形状;在普通鞋子的底部置入闪灯,鞋子一经踩踏就会发光,等等。这些创意能让消费者眼前一亮,激发他们的购买欲望,提高产品的市场竞争力。

4. 快速适应市场

随着科技的飞速发展,大众不断地对产品产生新的需求。你如果想提升产品的竞争力,就要结合当下的高新科技推陈出新,满足大众追求新事物的欲望。比如,智能手环就迎合大众的需求更新换代,以前只能看时间、记步数,现在不仅可以接、打电话，还能聊微信、聊QQ、拍照、录视频、监测健康数据等。

在拥有一款具有核心竞争力的产品之后，就需要思考如何提升你的品牌的核心竞争力了。现在是全球商品的"过剩期"，一款产品有上千种竞品，消费者在购买时，为了避免一次次陷入不必要的购物陷阱，往往会选择知名品牌。

如何提升品牌的核心竞争力

既然品牌这么重要，那么企业应该如何提升品牌的竞争力呢？

1. 研发硬核产品

要想提升品牌的竞争力，需要你的产品在质量和功效上足够硬核。对于互联网行业来说，硬核更多是指具有不可替代性。那么，如何让产品变得硬核呢？

（1）新的需求

寻找消费者的新需求，"对症下药"。例如，可乐是高热量饮料，很多人非常喜欢喝，但担心发胖。为了解决消费者的烦恼，"零度可乐"就此诞生，并广受消费者的欢迎。除此之外，奶啤、低度鸡尾酒等也是根据消费者的新需求应运而生的，它们成了饮品市场上具有代表性的新产品。

（2）新的品种

发挥企业的创新能力，创造出符合市场需求的新品类。例如，几十年前，西服在中国属于时髦的外来品，穿起来非常成熟、体面，但穿着规矩比较多，且只适用于正式的场合，这让很多想在非正式场合中穿西服的人很苦恼。为了满足这些消费者的需求，某品牌男装结合中国传统文化和习俗，推出了一款立领西服，成了西服中的新样式，一上市就大受好评。所以，创造新的产品品类是一个细分市场的好机会，也是品牌打造代表产品的方法，能够在产品差异化上体现出更多优势。

（3）新的功能

改造原有的产品，增加新的用途。例如，美瞳是通过改造隐形眼镜产生的。近视的人出于矫正视力的需要而佩戴平光眼镜，但平光眼镜不仅不方便，还显得呆板笨重；隐形眼镜虽然便捷，但没有美化眼睛的作用。这让很多追求时尚与美的年轻人陷入两难的境地。强生公司洞察到了这样的消费需求，研发出了像隐形眼镜一样方便轻巧，又能让双眼更加迷人多彩的美瞳。它让美瞳成为一款新的特色产品，并且在隐形眼镜市场中占有一席之地。因此，对市场进行细化和挖掘，才能打造出独属于品牌的硬核产品。

2. 打造品牌文化

打造品牌文化是一个长期的、系统化的过程，以下是四点关键策略：

（1）找准品牌定位

从产品消费者的角度，剖析你的产品能给消费者带来什么价值，有哪些独特性和优势。通过分析你的竞争对手，不断收集用户对你的产品和竞品的意见和建议，来加固自身的优势，并一定程度上弥补短板。

（2）塑造品牌形象

通过独特的品牌标识，如logo和颜色，体现品牌的个性和特色。品牌形象、视觉元素等需要针对受众群体的喜好，这样易使消费者产生情感共鸣。

（3）传递品牌价值观

通过品牌故事和场景传播品牌的核心价值。品牌故事可以大大提升品牌的层级，赋予品牌超越本身的精神价值，当获得消费者的认同感时，不但可以带动销量，也能让品牌获得持续的竞争力。

（4）构建品牌社区

通过线上社区、论坛等平台，聚集忠实用户，建立品牌与用户之间的紧密联系。也可举办线下活动，如新品发布会、品牌联动活动等，增强品牌的体验性。

3. 保持高服务水准

品牌的服务水准也很重要，提高服务水准包括以下几方面：

（1）强化员工培训

提升员工的服务意识，更能赢得客户的认可与支持。包

括对员工进行服务技能和礼仪的培训，提升专业素养和服务热情；保证团队成员之间、各部门之间的流畅沟通，以便及时解决问题，提升服务效率。

（2）优化服务流程

利用技术手段优化服务流程，如引入自动化工具、智能客服等，进一步提高服务效率。

（3）关注客户互动和反馈

客户的评价对品牌竞争力的提升非常重要，你需要积极维持和客户的良性互动。定期收集客户的服务评价和反馈，了解客户期望，及时调整服务策略，改进不足；建立客户档案，记录重要客户的个性化需求，提供定制化服务等。最好的服务是提供同行所没有提供的。

4. 保持创新能力

强大的创新能力也是决定品牌高竞争力的要素之一。在产品、服务、组织机制、技术、发展范围、人才引进上，都需要保持创新。这样才能适应不断变化的市场，迎接动向未知的竞争战局和挑战。

5. 差异化运营

运营模式的差异能让两个同质化的产品得到截然不同的反馈。还记得那场美团和滴滴的跨界竞争吗？滴滴是专注于打车的平台；而美团的业务类型繁多，后期也开发了打车项目。一个全品类平台向垂直品类平台发起挑战，本应在专业性上落于下风,但美团补贴司机的经营模式相比于滴滴的双向抽成模式更受司机们的欢迎,滴滴因此成了劣势的一方。

营销方式的差异化可以提升品牌和产品的辨识度,吸引消费者的注意力。例如,阿里的"双11"已成为一种独有的促销文化。在"双11"强大的攻势下,其他电商平台在营销方面是如何应对的?京东对此推出了"618"促销活动,虽然没有"双11"知名度高,但逐渐成了京东的一个专属标签,同样可以吸引到消费者。

总之,要想做好差异化运营,你必须兼顾吸引客户和保证利益这两大重点。通过合理的策划,突出差异,彰显品牌价值。

以上就是提升产品和品牌竞争力的方法。你占领了一块市场,才会有更高的品牌价值,从而促使消费者更愿意为你买单,让你的产品和品牌效益通过口碑效应进行裂变。

 1% 法则

创业找怎样的合伙人?

创业选对合伙人很重要。好的合伙人能让你在事业上走得更远,不好的合伙人会让你极度内耗,甚至对行业失去信心。

如何选择合伙人

作为女老板,你可以从以下几方面选择合伙人:

1. 与你三观相同的人

合伙最看重三观。我从来不会和闺蜜、亲戚合伙,而是倾向于选择在付费学习场合认识的朋友,因为这些人在思想上和我更加同频。

我清楚地记得有一次,在某个总裁班里认识了一位朋友,我们聊了半小时左右就决定合伙做项目,之后又花了两个月对项目进行合理的规划并落地执行。为什么我这么果断呢?因为

我通过和他短短半小时的聊天发现我们的价值观是高度统一的，认知也在同一个维度。如果两个人三观不同，一个人想深耕细作，另一个人却主张赚快钱，而不是很注重品牌的长久发展，这样的组合迟早会分崩离析。

2. 与你互补的人

在找合伙人之前，你先要了解最真实的自己。如果你擅长和人打交道，就找沉稳的合伙人，你南征北战，他镇守后方；如果你适合担任执行的角色，就找善于决策、管理能力强的合伙人。用合伙人的长板去弥补你的短板，同时用你的长板去补他的短板。

最理想的合作状态是两个人分则独立工作，合则互相依赖，达到一加一大于二的效果。去年我遇到了一对95后合伙人，这两个男生之前在广告创意行业，后来共同创业。一个人性格温和、内向，但广告的创意和技术很好；另一个沟通能力非常强，擅长跑业务。他们在能力上很互补，合作得默契又愉快。

我自己也有类似的经历。我在创业初期没有找合伙人，所有事情都要自己管理。直到有一天，一位贵人姐姐一句话点醒了我："创业要借力、借人、借势。"于是我开始思考自己的强项，发现自己的强项是沟通。后来，我找的合伙人非常擅长对公司内部运营体系的搭建与管理，但在沟通上略逊于我。我们俩有相同的初心和愿景，事事都能有效地配合。

3. 有经济实力的人

没有经济实力的合作伙伴会在一些花钱的小事上消耗掉你的能量，今天觉得这个支出没有必要，明天觉得添置那个设备让他心疼。这类人在做项目时往往抱着"只能赢不能输"的心态拼死一搏，一旦项目现出颓势，就算后面有所好转，他依然有负能量，甚至会指责你、埋怨你。相反，有一定经济实力的合作伙伴敢于试错，愿意从失败中吸取经验，并想办法积蓄力量，逆风翻盘。所以，合伙人的经济实力至关重要。

4. 值得信赖的人

一些女性在选合伙人时一味地抱有慕强思维，认为和能力强的人合伙就不会吃亏，于是忽视了对合伙人人品的考察，结果吃了大亏。如果一个人人品不好，他创造的利润越大，对公司就越有隐患。前年有一个资金很充裕的人想和我合作，但相处过后我发现他不实在，说话一半真一半假，于是我拒绝了他的合作请求，后来听说他的项目都进行得不是很顺利。

此外，吹嘘自己眼光独到、创业过程中从未踩过坑的人也不值得信任。创业怎么可能一帆风顺？创业者一定吃过苦、上过当、遭过罪，才能得出些许经验。所以，你一定要从各个渠道调查合伙人是否人品过关，值得信任。

5. 有大局观的人

什么是大局观？有的人在生活中、婚姻家庭中遇到问题时，很容易将情绪带入工作中。但一旦你有了合伙人，公司就不再是你一个人的公司，团队也不再是你一个人的团队。有大局观的人懂得尊重合伙人，能够把负面能量转化为驱动力，避免让情绪影响事业。只有这样，合伙人才愿意留在你身边，和你并肩打拼你们的事业蓝图，才能越做越大，越做越长远。

合伙人如何合作

找到合适的合伙人之后，合作方式有以下几点注意事项：

1. 先分钱，再分股

合伙人之间的信任度，不在于有多少年的感情，而在于分钱后感情依旧如故。很多合伙人在合作之前是亲人，合作之后就成了仇人。如果两个人连钱都没分过，请不要直接分股份，先做利益共同体，再做事业共同体。

2. 不均分股权

股权分配一定要慎重考虑。如果合伙人的股权平分，当意见不一致时就无快速做出决定。很多小型初创公司都折在了这个环节上，几个合伙人都不好意思多拿，看似分得很平均，当出现问题时却陷入无限的扯皮中，公司不断被消耗，最后一拍两散。股权平分的另一个坏处在于无法管理彼此，很容易出现"有钱赚时往前冲，有活儿干时往后退"的局面。请不要高估

人性，每个人都说了算只会导致天下大乱。

3. 签订合约

无论你与合伙人是什么关系，记得一定要签合约。所有凭感情的合作到最后都是不欢而散的。"先说断，后不乱。"将所有的约定条款成文盖章，也是对双方最大的尊重。

4. 谈好退出机制

与任何人合作之前，先谈好退出机制，这也是俗话说的"丑话说在前头"。提前讲明退出机制是对合作的一种保护，双方都清楚在什么情况下可以退出，如果执意提前退出须承担哪些责任等。如果失去这个保障，再好的项目都可能黄掉。

5. 工资制度

很多人觉得做了合伙人后，只拿分红就可以赚得盆满钵满，没必要计较每个月的工资；甚至有人理所当然地认为，合伙人作为股东不应该拿工资。这些想法大错特错，即使都是股东，每个人对公司的贡献和付出也是不一样的。公司应该根据每个人的贡献开出岗位工资，哪怕公司亏损也要这样做。干得好、干得多的人拿高工资，干得差、干得少的人拿低工资；否则干多干少都一样，干好干坏都一样，大伙就都不会有干劲了。

综上所述，选择合伙人需要从理念、价值观、性格、态度、能力、分工、分利等多个方面来考察。有时需要一定时间的接触甚至试合作，来加深相互了解和协作的合拍程度，再来决定。希望以上几点，对你找到合适的合伙人或者维持稳定互益的合作关系有所帮助。

女性 IP 如何有效变现？

近几年，"女性力量"成了高频词，迎来了高光时刻。与此同时，女性的商业力量也在快速崛起，从事自媒体和营销行业的人数也在不断上升。与男性不同的是，女性在商业中开辟出了独特的视角，在商务谈判时表现得更敏锐、细腻。可以说在当今这个时代，女性的商业力量已经不容小觑。

商业女强者的共性

真正厉害的商业女性是什么样的？我认为她们的厉害之处不是强势，而是拥有以下三种特征。

1. 足够的经济实力

女人有钱不一定幸福，但一定可以多一些选择。有钱才不必卑躬屈膝、依附别人，不必在婚姻中事事委曲求全；有钱才能给父母更好的生活，不用在他们生病的时候捉襟见肘；有钱才能给子女优质的教育，为他们的未来打下良好的基础。你的经济实力能够让你在很多时候拥有面对风雨的勇气、不必屈服的骨气和保持自我的志气。厉害的女人会以足够的经济实力作为自己的靠山。

2. 善良又有锋芒

懂得感恩的人会珍惜你的好意，而伪善的人会消耗你的善良，甚至让你白白当了傻瓜。女人的善良要带着鉴别力，带着狠劲，既要大胆去爱，也要懂得保护好自己。善良而有锋芒，你才会活得如鱼得水。

3. 永远不依附他人

古语云："靠山山倒，靠人人跑。"我接触过不少活生生的例子，有些女性婚后的经济基础完全依赖男人。一旦婚姻关系破裂，她们就会失去所有安全感，没有了经济来源，失去了孩子的抚养权，一下子体会到天崩地裂的感觉，承受了巨大的打击。失去所爱的人并不是最糟糕的，最糟糕的是你因为爱上一个人而失去了自我。生活本就有起有落，有聚有散，你要学会接受背叛、接受变故、接受意外，不要为不值得的人而否定自我。

有一句话说："没有人能承受你的痛苦，没有人能拿走你的坚强。"女性独立意味着在感情、工作、生活上都有自主决策的能力。当你的圈子独立了，人格独立了，经济独立了，才

有底气对别人说:"你对我什么态度,我就给你什么待遇。"当你不依附于任何一个人,拥有自我,过有尊严的生活,你的内心也会感到充盈和快乐。

如何打造个人IP

在这个融媒体时代,当你成为独立的女性后,可以进一步投资自身,打造属于自己的女性IP,为自己积蓄势能。

什么是IP?IP(Intellectual Property)本义是"知识产权",现引申为"个人品牌"。强IP的名字代表着它在某个领域中的专业性和权威性。比如,唐代"诗仙"李白,其诗歌作品被誉为浪漫主义巅峰,后世人以他为主题材创办的文化产品广受消费者喜爱。他的魅力经久不衰,是名副其实的超级IP。

在当下流量时代,越来越多人开始经营个人IP,一个成熟IP的变现能力是相当可观的。有的人觉得自己很普通,不适合做个人IP。我认为这是你还没有找到自己的特点,以下这几类人都适合做个人IP:

1. 老板

个人IP就是你的品牌,就是活广告,是很好的宣传机会。

2. 专家

各行各业的专家或从业者可以做IP,如教师、医生、律师等。他们有专业背书，在线下本身就很有影响力，在新媒体的作用下，在线上的势能可以被充分放大。比如，律师兼中国政法大学教授的罗翔，在视频平台上以幽默风趣的讲课方式赢得了千万粉丝，成为年轻人普法、学法的楷模。

3. 普通人

普通人也可以做IP。当你打开直播软件随便刷十分钟，就会发现普通老百姓也非常聪明。陕西人卖凉皮，四川人卖腊肠，云南人卖鲜花、乳扇……内蒙古人还会在蒙古包里卖特产，羊排、韭菜花一下子就火了。所以说做IP不难，重点是要找到你的特色，也就是独特的卖点。

个人IP如何有效变现

1. 找到定位

定位就是你的"人设"，你展现在大众视野的标签。它需要体现你的行业、专业优势和个人特色。比如，是做内容分享还是产品测评？是做情感咨询还是直播带货？同时，你要结合市场和竞争对手的情况，尽量避免与大火的IP有定位重叠。确定定位之后，接下来的一切都按照你的"人设"去规划。

2. 想好名字和口号

IP的名字需要简单、好记、特别、专业，这四点缺一不

可。从建立IP之初,名字就固定了。一旦换名字,就需要重新打造IP,之前的付出就白费了。更换名字会流失很多粉丝,损失很多订单和营收,是一件成本特别高的事情。

口号(Slogan)就是一句话广告语,须体现你的定位并且朗朗上口,让人们一下子就能想到你。例如,一听到"大自然的搬运工"你就会想到农夫山泉,一听到"男人的衣柜"你就会想到海澜之家。

3. 重视内容

IP和一般品牌的最大差异,在于IP非常重视内容输出,而品牌在内容输出上比较欠缺。我之前有一个学生,他创作持续又高产,一年内在抖音上发布了一千多条视频,平均每天发布三条,每条时长都超过三分钟,而且内容的质量很高,因此他的单品每个月可以变现六十万元左右。

内容输出可以是专业经验分享、行业趋势分析、用户观察、实用知识或者生活中的一些特别情景。对粉丝持续输出你的内容,强化你的个人标签,非常有利于后续的变现。

以女性创业个人IP举例,这类账号的终极目标是吸引女粉丝,最好是消费力较强的女粉丝,让她们喜欢、信赖、选择你。这类IP需要投其所好,体现以下三类内容:

(1)你现在是人生赢家

可以从房车旅游、直播销售额、活动经历等展开叙述。

(2)励志创业谈

可以讲述办公室、仓库、员工的变化故事,从侧面入手,如"一个女孩的十年"的主题就很吸睛。也可从正面分享职场经验，或与企业家同行们的对谈。

（3）生活经验谈

可以从家庭、恋爱、育儿、储蓄和人际交往等几个方面谈。

4. 抓住受众需求

曾有做女性IP的学员问我："我只有视频的播放量上涨，但是不涨粉怎么办？为什么我新涨的粉丝都是老头、老太太？我对于粉丝的定位明明是都市女性啊。"

以上问题表明你的个人IP打造得不够成功。或许你不是没有能力，而是因为不会"精准喊话"，没有触达到核心受众。只观察到用户的表层需求，没有挖掘他们愿意付费的深层需求。表层需求是用户在看了你的内容后脑海里的即时反应，而深度需求是你的信息给用户的生活带来的正向价值。当用户感受到价值，即使当下不那么需要这个产品，也会听完你的内容后为你付费。

例如，你做美妆博主，如果直接给大家推荐某护肤品，"××面霜抗皱保湿，让你的肌肤吹弹可破"。观众们会看一眼，然后把视频当成广告刷走。但如果把文案改成"马上给经常在户外的姐妹们分享一条美白秘籍，我曾经用了它，去西藏半个月还肌肤如雪，仿佛打了三层遮阳伞，同行的姐妹都说我偷偷打了美白针，合照里的我像在发光"，这个软广就包括了主题、目标受众和产品功效，情景设置细节满满、引人好奇。

表面是在分享怎么保养白嫩的皮肤,但深层目的是想表达如何在户外不被晒黑、如何在和别人合照时更加出众。有的人变美是为了提高职场竞争力,有的人是为了在婚恋市场上找到更好的另一半,还有很大一部分人纯粹为了精神愉悦、取悦自己,这些深层需求才是你应该拿来放大和做文章的地方。

你可以把用户当成需求之和:用户=目标受众+情景设置+焦虑情绪+价值输出+产品。早点学会紧贴受众需求做内容,就能早点实现你的IP价值,少走弯路。

5. 抓住流量密码

流量密码是指在互联网平台上通过某种内容或方式获取大量流量。这通常涉及发布热点性质、引人注目或容易引起共鸣的内容。什么是女性博主的流量密码?"女性的人生第一个一百万""应不应该婚前买房""女人如何嫁得好"……其实高薪、副业、财务自由、容貌、旅行、人际交往等,只是一种题材。许多人讲过这些选题,可为什么没能在平台中生存下来?因为这些只是女性观众表面的关注点。核心的流量密码是什么?

女性观众在看女性博主时,看见的是一个自己想成为却不敢或者无法成为的女人。她们有钱、有颜、有事业、有高质量的爱人;她们头脑清醒、敢爱敢恨,永远把自己放在第一位,一副再也不会受伤的样子。可是现实中,这样的女性就是因为受过伤,才能把受伤后的心理活动描述得入木三分。所以,女性博主的流量密码是实力、经历、个性、价值观,以及共情能力和分享欲。女性要想打造强有力的IP，必须让自己成长起来，不仅指年龄，更指心理上的成长。如果你的心理没有成长，那么女性观众敏锐的眼光很快就会把你戳穿，打造IP就更无从谈起了。

女性博主的自我修养

二十五至三十五岁是女性的黄金十年，这十年你的精力会特别旺盛，机会多而试错成本低。它决定你接下来的人生是往上升，还是向下滑。你未必要在这十年做成什么大事或者多么成功，但必须为自己的人生积蓄养分，拼命地提升自己，这样未来才不会陷入被动的处境。

那么如何把握住这个黄金十年呢？

1. 开阔眼界

开阔眼界除了出门旅行，读书、看纪录片也能让你充分了解世界的多元性。当你看得越多，经历得越多，思想就会越丰富，心胸就会越开阔。起飞的前提是你的天要足够高。

2. 舍得投资

在这三件事上请你要舍得投资：

（1）知识

多学习，提高认知。知识是无价之宝，只要进了你的脑

子，就谁也拿不走。

（2）时间

尽量别干浪费时间、省小钱的事，比如，排长队领免费的小礼物，花九块九听根本学不到内容的课程。你的时间应该拿来创造更大的价值。

（3）机会

能够结交到更优秀的人、接触到高门槛资源的机会，花钱也值得。比如，读EMBA就是典型的对机会的投资。

3. 存钱规划

存款虽然不会让你大富大贵，但可以在你想要转身离开不喜欢的环境时，奉上最强有力的支撑和底气，而不会拖后腿。华裔女演员楷模刘玉玲回忆自己一边打工、一边追逐演员梦时曾说："我工作之后努力赚钱，我称它为'去你的'资金。你有了这笔钱，当有什么意外发生，有人强迫你或者辞退你时，你可以说'去你的'。"

4. 提升价值

有的人说："与高人为伍，就可以成为高人。"可残酷的现实是，高人只喜欢与同类为伍。成年人的社交规则是势均力敌，等价置换。你能为别人提供多少价值，别人就会为你提供多少帮助。所以，你若想结交更优秀的人，不必远求，只需自修。经营自己是值得女性研修一生的课题。

如何玩转私域社群？

在讲述如何做私域社群前，先分享下我个人的例子。

2022年是我创业的第十年，这十年里我一共发起过三个社群。2015年，我发起了第一个社群，叫作"庄迪全球书友会"。当时我出版了自己的第一本书《我的金钱青春》，发起"庄迪全球书友会"的目的是通过"庄迪"这个个人IP以书会友，把这本书通过社群推广出去。那时我没有任何资源，只有一个强项，就是表达力强。我把自己的所思所想有逻辑地讲出来，然后转化成文字，以读书、学习、分享等方式，用一个月将一个五百人的微信群发展成三十多个同体量的社群。我们设计的裂变模式让很多人愿意花九块九进入社群，继而被转化为高消费人群。发展到峰值时，我们有八十多个五百人社群，最高的客单价是三万九千八百元。庞大的裂变让我们在八个月内达到三千多万业绩，远远超出了我的预期。

后来，我想跟粉丝建立黏性更强的关系链，于是在2016年发起了第二个社群"庄迪下午茶"。建立这个社群的契机是

"庄迪全球书友会"的很多成员欣赏我的逻辑思维和声音，想与我进行面对面的交流，于是部分线上客户成为"庄迪下午茶"这个线下社群的学员。"庄迪下午茶"除了提供下午茶，还有一对一的心理咨询和个案疗愈。我从二十多岁以来研究的儒、释、道等国学，以及性格色彩、能量分析、数字密码、星座、塔罗牌等兴趣爱好在社群经济时代成了核心价值。"庄迪下午茶"每小时的费用是六千九百八十元，每个学员一个小时起约，两个小时封顶。我每天下午工作四个小时，每天都排满了。虽说可以延长工作时间，但相应地自己的时间就被挤占了。所以做到一定程度时，我就有所选择地对接学员。

在前两个社群沉淀了一些付费女性会员后，2017年7月，我成立了"中国都市女性俱乐部"，这就是我的第三个社群。我花了将近一年半的时间吸纳了众多优质的高消费付费会员。

有些人在运营社群时陷入一个误区，认为社群只能用来推广产品和课程。事实上，它还可以为人们提供情绪价值。从最初线上的"庄迪全球书友会"到线下的"庄迪下午茶"，再到最浓墨重彩的"中国都市女性俱乐部"，我越发感受到情绪价值之于社群的重要性。当我把私域社群的玩法教给学生后，她们把这套理论运用到自己的事业中，无论是做医美、母婴还是小吃连锁店。身处各行各业的人，都可以作为社群主理人为客户提供情绪价值，而社群中的成员相互之间也在传递情绪价值。

私域社群让价值变现

为什么现在想要做事业的人,都要学会有效地搭建私域社群?因为私域社群可以让价值变现。

1. 什么是价值?

(1)个人价值

聪明的人不会推翻所有的努力从头开始,我们要学会累积经验,用岁月的沉淀和宝贵的经历为自己赋能、升值。

(2)IP价值

IP经济的原理是,产品不值钱,品牌不值钱,但是你值钱。如果一个人认可你,你卖的所有产品他都愿意消费;但如果不喜欢你这个IP,那无论你卖的产品再怎么物超所值,他还是不会去买。

经营私域社群没有身份限制,只要你愿意迈出第一步。你需要问问自己,消费者从哪里来?你是否可以尝试做些资源累积?以拉微信群的方式还是借助社群工具?

2. 你能带来什么价值?

我有一个学员很聪明,她在生儿子期间建立了一个宝妈社群。虽然入群免费,但社群里的宝妈们很有消费力,她们住的月子中心、使用的母婴产品都很高端。我生女儿的时候,她

把我也拉进了这个社群，我发现她把社群维护得特别好。例如，春天和秋天她会向大家介绍春游和秋游的地点，推荐好用的帐篷和驱蚊产品；为大家做带宝宝外出的攻略；测评新店，总结出哪家环境不错、拍照片好看。原本她只是我的一个普通学员，没有产生深度联系；没承想后来她变成我的"生活宝典"，我选择月子中心、保健院，买尿不湿、奶粉的时候都会去问她。尽管我可以在社交平台上搜索，但活生生的人在内容输出时带来的信赖感是无可替代的。

看了这样的案例，你是否可以举一反三？无论你在哪个城市、从事什么工作，搭建私域社群首先要明白，你能给大家带来什么帮助。上述例子中的宝妈是利用自己主理人身份和对电商、母婴行业的深入了解进行资源互换，慢慢地踏入高层次的圈子。

如果你是事业型女性，想通过私域社群让财富倍增，必须做到以下三点：

（1）你能够为私域社群的会员们带来价值；

（2）你能够为对方带来持续的价值输出；

（3）你的私域社群的短、中、长期规划能给客户带来有效的帮助和实操性强的方法。

3. 私域社群贬值的认知误区

最近几年，大家随着对私域社群的关注度和参与度的提高，产生了很多疑问。最常见的有：为什么之前十分火爆的微信群现在慢慢沉寂了？为什么我添加了大量好友，朋友圈动态也高频更新,却很少能实现付费成交?为什么私域流量增长到一定程度就很难进一步突破了?

因此,他们便认为粉丝营销做不大,私域流量上限低。其实不然,出现以上问题的原因主要有三点:

(1)对私域流量认识不到位,误以为私域流量就是一个微信群或社交账号;

(2)对用户运营执行不到位,误以为加好友、打折促销就能激发裂变;

(3)对全域营销的意识不到位,误以为做了私域营销就可以忽视公域营销。只限于私域流量池活动的人始终无法破圈裂变,最终无奈耗尽了所有资源。

如何搭建有价值的私域社群

1. 将用户转化为粉丝

高转化、高复购的三大黄金法则是圈层化、情感化、参与感。圈层化,找出核心目标用户;情感化,用情感共鸣打动核心目标用户;参与感,让用户参与产品讨论和品牌建设的关键节点。下面我将逐一分析。

(1)圈层化是社会化营销的底层逻辑

用户圈层可以分为核心层、影响层和外围层。

①核心层

核心层用户是最初被撬动的一小批人,是产品和品牌的拥

护者。他们黏性最强，忠诚度最高，痛点也最为明确，是最有可能转化为忠实用户的人。衡量用户是否属于核心层的标准有两个：一是有功能需求，二是有情感需求。功能需求是用户与产品的物理属性相匹配；情感需求是用户与产品在情感、心理层面相匹配，也就是我们常常提到的情绪价值。

②影响层

影响层用户是有影响力的一群关键意见领袖（KOL），如明星、网红、大V。一个已经成熟的个人IP也属于影响层。他们能帮助你传播口碑和品牌，扩散你的影响力。

③外围层

外围层用户是最后被影响到的更大范围的人群，也就是普罗大众。当产品被推广到这一圈层，证明其影响力很大。外围层用户多数内心保守，不喜欢尝试新鲜事物，但具有从众心理。当产品已经影响到身边人时，他们会因为好奇心或者迫于周围的压力而去尝试。很多网红店、网红美食能火起来，就是因为攻略了外围层用户。

（2）情感化是用户运营的关键抓手

①抓住消费者的同理心

同理心主要表现为两点：一是角色代入，二是感同身受。举一个"五十五度杯"的经典案例。"五十五度杯"能在一年内销售额达到五十亿，就是因为它的研发初衷让消费者有代入感，它背后的故事让消费者能够感同身受。"五十五度杯"创始人的女儿在不到两岁时，有一天说口渴，她的爷爷就倒了一杯刚烧开的水，在桌子上放凉。孩子一拉杯子把手的绳子，滚烫的水都泼在了她的脸上,导致她直接进了医院。"五十五度杯"的创始人经过这件事情开始反思,为什么生活中只有两种杯子,一种是水杯,另一种是保温杯?于是他和团队研发了第三种杯子,一种不管多少摄氏度的水倒在里面晃一晃温度都能变成五十五摄氏度的恒温杯。杯子发售以后,很多家长都想购买,因为创始人女儿的例子就活生生地摆在眼前,没有哪一个家长不会为之感到心痛和后怕。这就是典型的抓住消费者的同理心的案例。

②找到引爆情感的导火索

所有的公众情感的爆发都是从捕捉公众的情绪开始的。情绪通常飘忽不定,捕捉它需要敏锐的洞察力。情感化运营除了持续的情绪服务,最高的境界是将其升格为价值观,让其成为品牌的人格化标签。比如,小米的"为'发烧'而生",Keep的"自律,给我自由",李宁的"一切皆有可能"等。此外,还记得2021年为河南洪灾低调驰援的鸿星尔克、蜜雪冰城和胖东来吗?它们点燃了广大用户的情感导火索,以民族大义、社会责任感等引爆了用户情感。在这一过程中,鸿星尔克、蜜雪冰城和胖东来不再是普普通通的市场品牌,而成为爱国、爱家的情感映射,成为一种情感符号。

品牌只有通过与用户共情、建立情感,才能获得用户的好感,引导他们传播口碑。而讲好品牌故事、与用户平等对话,就是以情感化做好用户运营的重要方法。

(3)参与感是激活用户的动力之源

在消费平权的移动互联网时代,参与感的重要性毋庸置

疑。如何打造参与感呢？小米联合创始人黎万强提出的"三三法则"至今无人能超越。我们可以学习其中的三个战术：开放参与节点、设计互动方式、扩散口碑事件。

开放参与节点是指把做产品、服务、品牌、销售的过程开放，筛选出让企业和用户双赢的节点；设计互动方式是指根据开放的节点设计相应的用户互动方式，遵循简单、获益、有趣、真实的设计思路，并且像做产品一样持续改进；扩散口碑事件指依靠媒体运营筛选出第一批对产品表示认同的用户，小范围打造参与感，再把基于互动产生的内容做成话题和可传播的事件，让口碑产生裂变。

2. 将粉丝转化为渠道

（1）搭建私域流量体系，让流量为你所用

对于私域流量的认识，很多人局限于App、社交媒体群组。将用户沉淀、聚集在私域流量池中，便止步于此。这是对一种私域流量的浪费，无法实现裂变的私域流量最终只会走向枯竭。

大部分人对用户的终身价值的认知就是其消费价值，也就是用户购买产品带来的真金白银的收入。其实用户价值远不止于此。你可以试着把用户分层，找出核心用户，激发他们生产优质内容，再把内容转化为生产力和"带货力"，让用户成为推广者，自主为品牌传播口碑，通过传播获取实际好处。还可以建立品牌与粉丝的深度利益捆绑关系，让私域流量体系成为一个生生不息的自循环系统。

法则 4　1% 商业力

（2）打通线上线下，建立信任感

微信群内的成员因为线上的活动聚在一起，但若没有线下的联系就无法建立成员之间的信任，也很难实现销售转化。无论你身处哪个行业，是做线下实体店、线上电商还是外贸生意等，都应该认真思考一下是否打通了线上线下的空间。如果没有，那么你的事业还有很大的增长空间。

> 希望这五节关于商业力的内容，可以让准备创业、创业中或职业瓶颈期的女性朋友都拥有商业力，在商业场上赢得自己的一席之地。

法则 5

1% 幸福力
从自爱到博爱

"有毒"的父母有几种类型？

为什么要把伴侣当作人生合伙人？

什么是幸福婚姻的"三多三少"准则？

为什么清零思维对于幸福感很重要？

如何成为人人欣赏的女人？

"1%幸福力"法则的奥秘在于，不再用100%的力气追求完美人设，而是找到1%的纯粹自我空间。没有人生来就认识自己的全部。一天天拾起自己的灵魂碎片，终有一天能完成属于自己独一无二的生命拼图。从接纳真实开始，构筑起与自我的疗愈性深度关系和与他人的创造性深度关系。

女人要想有不被岁月消磨的长久魅力，需要独立自强和完善的自我修养。

如何自我独立

1. 安静成长，主动提升

有时候不妨对自己狠一点儿，你越是宽容，就越容易留下遗憾，因为这个世界是残酷的、现实的。纵容自己懒散和随意的结果，就是从此过上平凡的生活，跟机会擦肩而过。机会永远掌

握在有准备的人的手中,那些经常碰到缘分和机会的女人并不是都天生魅力四射,而是后天拼尽全力让自己看起来毫不费力。她们把努力和隐忍都藏在骨子里,表现给他人的仅仅是最轻松的一面。

我有个粉丝数达到百万的博主朋友,光靠接广告就能实现百万级收入。很多人羡慕她光鲜亮丽的生活,认为她每天只要吃喝玩乐就能赚钱,十分轻松。但他们不知道的是,她从大二就开始默默地努力,坚持每天高质量地输出作品,自学了拍摄、修图、剪辑视频和后期,一个人包揽了全流程任务。从大二到大四,三年间她每天都发布新内容,凭借日复一日的积累才收获了一批忠实的粉丝。

安静成长,主动提升自己的能力,就能从世俗的女性群体中拔得头筹。一次惊艳的展示,背后是多年沉淀的功力。

2. 拥有自己的事业

女人精神上的独立,在于有理想,有自己的工作或事业,不再依赖于男人。她们懂得把握自己的命运,有独立的经济基础、人格和思想,给人一种优雅、淡定、从容的感觉。

依靠他人的人生是行不通的。女人如果自己没有钱,会变得廉价,在亲戚朋友中都抬不起头来,生活举步维艰。经济独立是当代每个人的底气。工作不仅是为物质利益,更是一种自我价值的实现。无论你从事什么、收入几何,当你全情投入时,它会带给你巨大的幸福感。

3. 反省与复盘

聪明的女人能享受独处的时光，而且会在这时反省与复盘，做出有益的自我调整和改变。投资家查理·芒格曾说："只有知道自己会在哪里摔倒，我们才可能知道如何避开这些坑。而这些宝贵的经验，正是我们通过不断复盘前人失败或者成功的经历，才能汲取到的。"这里分享高效复盘的三个步骤：

（1）回顾目标，审视计划

要判断计划的目标有没有实现，可以从四个角度入手：①执行是否与设想的相同？②过程中有无意外情况发生？③过程中是否有问题需要改进？④执行结果有无偏离预定目标？

明确目标和计划之间的差距后，你就能通过更加细致地复盘改进行为，找到解决问题的关键，四两拨千斤。

（2）对比目标，差异化分析

将结果和目标对比来评估，二者的差距就是我们需要重点改进的地方。通常会出现如下四种情况：①结果与目标完全一致；②结果比目标更优质；③结果未达到目标；④结果虽达到目标，但与原定计划有出入。

这四种情况的产生，必然有其对应的影响因素。这些因素就是你复盘的重点，成在何处，败在何处，通过对比分析一目了然。

（3）总结经验，优化手法

如果你的结果属于前两种，那么恭喜你达成了目标，这时需要把自己的优势写出来，以后可以复制；如果属于后面几

种，则需要找出原因，并且改善这些问题。

如何做一个内修的女人

1. 仪容整洁

女人每天仪容干净清爽，会给他人对你的第一印象加分。护肤品是日常必备的，可以让皮肤状态更好，这样你即使不化妆也可以保持自信。但有些特定的场合，化妆是基本的礼仪。虽不需要多么精湛的化妆技术，但打造基本的妆容是女性的必备技能之一。

在形体上，抬头、挺胸、收腹、开肩、立腰、直背等动作可以提升你的气质。有条件的话，你可以投资自己的身体：跳操、舞蹈、瑜伽。无论什么运动，只要你养成定期锻炼的习惯，就会让身体更加健康，生活也更加规律。

2. 尊重他人

有些人喜欢向穷人炫富，对平民示威，这是一种幼稚的行为。当你的财富与你的素质不成正比，也是相当可悲的。看一个人懂不懂尊重有一个标准，就是是否让为你提供服务的人感到开心。当我去饭店里吃饭时，上至经理，下至服务员，我都会主动跟他们打招呼，平和、礼貌地跟他们沟通，他们都很享受服务我用餐的过程；相反，有些人一到饭店就摆出一副不可一世的做派，对服务员呼来喝去，态度恶劣，很没有素质。

尊重他人，是自然地怀有一份感恩和谦逊的心。对帮助你的人，真诚地道谢；对取得优异成绩的朋友，真心地喝彩；对任何一个陌生人，真挚地微笑。每天坚持微笑既是对别人的尊重，也是对自己的肯定。它使自卑的人找回自信，使自信的人神采飞扬，使自负的人自我审视。成长的路上起起伏伏、荆棘密布，请学会微笑以对。

3. 注重积累

如果你缺乏生活的积累，与人交谈时只会说一些不着边际的话，别人会不爱听。要想有好口才，就要有谈资，这就需要你从生活的方方面面中加强积累。

（1）养成定期读书的习惯

每一本书都是一位智者，会教会我们很多人生哲理。如果你的时间不多，可以选择听书或者听播客。我个人喜欢利用去公司的路上、睡不着的夜晚等碎片时间听播客，解放双手的同时活跃大脑，感受他人的思想深度。

（2）每年进行一次长途旅游

当我们在生活中积累了许多失望和不如意，就需要给情绪一个释放的缺口，旅行就是一个绝佳的解压方式。我给自己的规划是每年三次旅游——一次长途两次短途，国内国外不限。在未知的旅途中，没人认识我们，我们可以以不同于以往的生活方式，在新的地方随意绽放，不用介意谁会指指点点。旅行最直接的好处是修复我们的情绪，让真我自由发展。旅游中接触到的自然与人文风景，会让我们体验到博大美妙的世界，培

养自己天然美的气质，造就全新的自己。天然美是任何妆容的美都比不上的。我们走过的路、读过的书、爱过的人，最终都会变为我们成长的养分，在谈吐中给人眼前一亮的感觉。

4. 持有主见

没有主见的人总是用"随便""都可以""接下来怎么做"的口头禅，凡事不肯主动思考，需要依赖别人给出建议。其实，有时采用拒绝与防备、表示准确的态度，才会维护属于你的立场。如何成为一个有主见的女人呢？我总结为"一个要，两个不要"：

（1）要自己思考。形成自己的思想体系才能得出属于自己的见解。你可以先从小事开始为自己做主，比如点餐时想吃什么，今天出门穿什么衣服等。

（2）不要总是依赖别人，让别人替你做选择。

（3）不要将"随便""都可以"挂在嘴边。建议改为"我认为""我觉得""我的想法是"。

王阳明说过："吾性自足，不假外求。"改变命运的真正力量来自内修。内修的女人懂得在这个浮躁的时代安静地成长和提升，从未局限自己的价值与魅力。我们只有内心状态是平和的，才能做出正确的决定；只有不断地培养自己，才能让自身更优秀、更强大、更有吸引力，成为掌握自己的生活的人。

若像藤蔓般一生依附大树而活，那么大树倒下的时候，它也会随之死亡。女人不要梦想当藤蔓，而要有自己长成大树的魄力。依靠别人永远没有依靠自己来得安全，只有自己越发强大，遇到难题时才能镇定；只有自己越发独立，遇到坎坷时才不会求助无门。请记住，勇敢的女人，总是比懦弱的女人美丽；爽快的女人，总是比纠缠的女人潇洒；独立的女人，总是比攀附的女人自信。

 1% 法则

自我疗愈原生家庭带来的伤痛

原生家庭的经历会对一个人的思想和价值观产生非常大的影响。俄国文豪托尔斯泰说过:"幸福的家庭都是相似的,不幸的家庭各有各的不幸。"

不幸家庭的五种父母

我从过往做心理咨询的经验以及对原生家庭之于个体未来的影响的研究中,总结出不幸福的原生家庭中父母大致分为以下五种。

1. 完美型父母

这一类父母的想法是:你做错了,我得帮你。

完美型父母会用自己的行为准则和价值观要求孩子,孩子出现半点儿差错就会不停地责怪和惩罚他,甚至过了好久还

拿孩子以前的错误嘲笑他。他们不知道如何适当地惩罚孩子犯错误。

我曾有过一位咨询者，是一个三十五岁的全职妈妈。当时她的孩子正在读初中，她来找我做心理咨询的原因是，感觉孩子上了初中后变得异常叛逆。通过对她的深度挖掘，我了解到这位妈妈本来是一个事业型女性，后来为了照顾孩子选择把重心转移到家庭上。她觉得自己做出了相当大的牺牲，所以要求孩子事事做到完美，这样自己的付出才是值得的。据我了解，她的儿子非常勤奋、聪明，有很多才艺，可以说是典型的"别人家的孩子"。但在这位妈妈的心里，孩子就应该做到出类拔萃、样样第一，所以她提起儿子时总是唉声叹气，认为儿子不够努力、不太完美，责怪他考试拿不到满分，批评他的钢琴弹得不够好。我听了之后理解了，她儿子心里的弹簧在成长过程中不断被压下，随时准备触底反弹，所以才会出现叛逆的情况。

中国有句俗语："天下无不是的父母。"过去从小教导孩子父母是权威的，"绝对不会害孩子的"，父母的批评孩子必须接受。但是完美型父母往往忽略了人无完人的事实。接纳孩子的不完美，也是接纳自己的不完美。

2. 依赖型父母

这一类父母的想法是：我需要你，你不许离开我。

依赖型父母是指由于自己的心智不成熟，而对孩子产生过分依赖，甚至不允许他们从自己身边离开。当你随便打开一个网站，搜索"婚姻"这个关键词，就会看到很多令人不可思议

的婆媳问题，其中80%的问题来自婆婆对儿子的过分依赖和控制。很多婆婆把儿媳看作自己的敌人，认为她是来把儿子从自己身边抢走的。"娶了媳妇忘了娘"这句话便把这种思想表达得淋漓尽致。

依赖型父母不能接受"孩子拥有自己的人生"这个事实，难以忍受独处，希望子女随叫随到。当子女必须跟他们分开时，他们就会表现出身体不适、情绪焦虑等。他们把"养儿防老"当作人生的信条，或者让孩子继承自己的事业，实现自己没有完成的梦想。这类家庭中的孩子从未被当作独立、完整的人来对待，而是被视作附属品、"工具人"。在这种家庭中成长的孩子很容易失去健全的人格，成年后也诸事依赖于父母。

3. 控制型父母

这一类父母的想法是：我都是为了你好。

控制型父母同样不承认孩子的独立人格，需要孩子完全遵照自己的决定和安排去生活。孩子读什么大学、选择什么专业、去哪里工作、和什么样的人结婚、什么时候生孩子，等等，他们统统要干涉，稍不合心意就大发雷霆。他们只有在孩子的决定和他们一致时，会支持孩子；如果双方的想法出现分歧，他们不会倾听孩子的感受，而是直接发起攻击，或者在孩子经济不能独立时切断其生活费的来源作为警告。

在这样的家庭中成长的孩子容易走极端，要么做一只温顺的小白兔，事事顺从，没有自己的主张；要么做一个一点就着的火药桶，将从父母处受到的压抑情绪向身边其他亲近的人宣泄。

4. 放任型父母

与控制型父母相对的是放任型父母。这一类父母的想法是：随他去吧，我不想管，也管不了。

放任型父母是指不干涉孩子的任何事情。在孩子每个关键的人生选择时刻，他们都不会出谋划策或者陪伴。他们认为孩子只要不犯法，做什么都可以。这种父母虽然听起来很"大度"，实际上容易纵容过度，在现实生活中并不少见。他们培养出来的孩子做事容易超出限度，原则和底线模糊，甚至会走上不归路。

5. 酗酒型父母

这类父母的想法是：喝酒又不是什么大不了的事。

有人以为酒精成瘾的父母只会出现在外国，实际上在中国这些父母也不在少数。例如，我有一个中学同学，因为小时候她爸爸总在醉酒后殴打她妈妈，令她对酒精的味道产生了阴影。即使在组建新的家庭后，她也害怕伴侣出去喝酒应酬。当时我用了一个下午对她进行一对一的个案疗愈，才带她走出了阴霾。

不幸家庭的三种孩子

了解了以上五种典型的"有毒"父母，我们再来看看从这

些家庭中出来的孩子通常会有哪些共性？我总结为以下三点。

1. 陷入信任危机

这几类问题父母会让孩子觉得大人是有利可图的，要么是为了操控自己，要么是过于依赖自己。当孩子长期处在这样的环境中，长大后也很难相信别人，与人交往时会觉得除自己以外任何人都是不可托付的。因此，他们很多人表现出了过度控制、刻板教条的特质，或者干脆变成了社交恐惧者。

2. 自我评价过低

原生家庭不幸福的孩子很难感受到被爱，更不用说无条件的爱和支持，总觉得父母是索取者。正因如此，很多孩子在童年时想尽办法讨好和满足父母，长大后他们就形成了典型的"缺爱"人格，认为自己承受不住别人对自己的好，不值得被爱、被尊重、被好好地对待。原生家庭不幸福的女孩在恋爱中会很卑微，容易被不起眼的小事所感动，也更容易被PUA（道德绑架），这一切都源于她们内心对自己评价过低。

3. 有毁灭性倾向

有毁灭性倾向的人不能好好地过日子，总会重演父母的悲剧。酗酒型家庭的孩子超过60%会选择酗酒的伴侣；控制型家庭的孩子如果没有走出原生家庭的阴霾，大概率也会选控制欲强的另一半，或者自己慢慢地变成控制狂。从这些不幸的原生家庭中长大的孩子们，就像《百年孤独》中描述的家族一样，会不停地重复上演着同一个悲剧。他们不是不想把日子过好，而是从未见过好的生活是什么样子，认为原生家庭的样子就是生活本来的样子，从而进入到误区中，这样的思维很容易让他们坠入深渊。

如何自我疗愈

不圆满的童年固然不幸，但这并不意味着我们不能脱离不幸的轨迹，重新定义自己的人生。成年人完全可以通过合理的自我疗愈，来减少或消除原生家庭的不良影响，重新拥有完整的人格。那么，如何进行自我疗愈呢？这里提供三点建议。

1. 不强迫原谅，只期待放下

要走出原生家庭带来的痛苦，不代表必须原谅。我很讨厌情感绑架的说法，比如，"那毕竟是生你、养你的父母，没有他们哪来的你？你应该感恩，怪他们就是白眼狼"或者"父母是为你好，肯定不是故意伤害你的，你的心理承受力太差了"。在有些案例中，孩子才是受伤最深的人，要求他们无条件地原谅岂非残忍？当你在一个安全、受到支持的环境中，回忆起童年不愉快的人和事，并找出导致性格缺陷的根本原因后，你可以选择放下心结，去理解每个人都是不完美的。不过分纠结，去继续生活。

2. 合理表达真实的感受

人际交往中一个常见的问题是委曲求全。有的人在情感、工作或新生家庭里,为了维护一段关系就忽略自己的感受和需求,做一个忍气吞声的受气包。在不幸的原生家庭中长大的孩子更加有这种倾向。为了自我疗愈,你必须学习直面内心的想法,表达真实的需求,在原则性问题上绝不让步,及时表达不满和愤怒。因为,真正的爱不是用无下限地讨好换来的。你如果不知道怎么合理地表达感受,可以试着将下面这个"表达感受五部曲"应用到生活中:

(1)保持内心坦诚,勇敢说出当下的情感。比如,当有人让你感到被冒犯,你要直截了当地提出来,而不是自己在心里乱琢磨。

(2)学会强调重点。避免长篇大论地叙述,直戳要害,准确地表达自己的困惑,简明扼要地让别人听懂你的意图。

(3)关注自己的需求。使用"我需要""我感觉"这样的句式来达到目的。表达情绪以后,要给对方一个方案,让这件事情最终得以解决,让你的心态得到平复。

(4)整理自己的情绪。在提出需求以后,就整理自己的情绪,既不忍气吞声、唯唯诺诺,也不直截了当地指责对方。通过这一步,你成为情绪的主人。

(5)坚定立场,不要步步退让。对于你提出的需求,切忌反悔、退让,否则不仅前面所做的努力都功亏一篑,你也会再次陷入被伤害的感受中,无法进步。

3. 不过分自我归因

自我归因是指你一受到批评就立马反省，认为100%是自己的错。这是一种心理陷阱，也是对复杂现实的错误评估。有的孩子从小被教育大人们都是对的，如果发生冲突，那一定是孩子的错。因此，合理地归因是自我疗愈的重要环节。对于控制欲极强和酗酒的家长所造成的困扰，孩子完全不必把它们归结成自己的问题。这不是你的错，你不是需要被原谅的那个人。

不过分自我归因，才能将你从对父母的怨怼情绪中解救出来。很多人因为原生家庭的不幸一直埋怨父母，对父母有很深的成见，但如果总是停留在这样的情绪中，你的生命也会就此停滞，无法再向前走。我之前有看到过这样一句话："存在问题的原生家庭里，子女一直在等父母的一句'对不起'，而父母等的是子女的一句'谢谢你'。"两者的诉求本就是矛盾的，好似你在机场等一艘船，永远都不会等到。

你不必立刻原谅对方，也不必强行扭转父母的观念，但作为独当一面的成年人，意识到伤痛的下一步就是与自己和解。现在的你拥有了各种身份，能够从各种维度来思考，在你和生活的一次次互动中，你完全可以重新定义自己，用努力换取生活对你的正向回馈，以此来抚平原生家庭带来的伤痛。这便是你疗愈自己、更新自己、创造自己的过程。

> 你是谁，本就不是一成不变的。不如说，你的身份和角色时刻在发生变化。当你不断把新的生命力注

 1% 法则

入生活中,原生家庭的负担自然就慢慢地消散了。电视剧《流金岁月》中有这样一段台词:"你不能选择你的出身,受你的父母、家庭的影响,不可避免地要从某一个地方出发开始你的旅程,但是后面的岔路口要往哪里走,那是你自己的选择。"我始终相信命运是掌握在自己手里的,即使起手牌再烂,终会有洗牌的时候,我们要做的就是努力把这一手烂牌打好。

你的出生是被动的:被动地出世,被动地在不幸福的家庭中成长,被动地受到伤害。但当你长大后,请选择好接下来要走的每一步,充分地发挥主观能动性。最后,希望每一个受过原生家庭的负面影响的人,都勇敢地直面苦难,创造属于自己的崭新人生。

建立正确的婚姻观

有人说,"婚姻是爱情的坟墓";但也有人,幸福地相伴到白头。

为什么有的人在婚姻里吃了很多苦头,却无法解脱?为什么有的人总把自己搞得伤痕累累,而对方也疲倦不堪?为什么有的人在婚姻中不能做自己?说到底还是缺乏正确的婚姻观。

现在网上有些常见的鸡汤文的标题是:"如果你的老公有以下几个特点,就说明他不够爱你""如果你的婚姻出现了以下几种症状,就说明你的老公有了外心",等等。这些标题的确能吸引一些读者的目光,但被吸引的人往往本身对婚姻观缺乏正确的认知,容易听风就是雨。

那么,什么样的婚姻观是女性容易陷入误区的?什么样的女人容易陷入婚姻矛盾?

 1% 法则

错误的婚姻观

1. 搞不清婚姻关系的核心

当你没有弄清楚在一段婚姻中想要的到底是什么,便不知道怎样算是满足了需求,就会用最严格的关系要求来约束对方的一切。以至于在网上看到一条击中内心的文案,就可能对号入座、盲目共情,跑去向伴侣质疑控诉,结果反而破坏了感情。

举个例子。曾有个播放量很高的视频中说:"你的伴侣如果每天晚上把车停在楼下半小时之后才上楼,就说明已经有问题了,这半个小时就是他在删除和别人接触的证据。"我觉得这完全是以偏概全,我本人就会每天把车停在车库后,在车里停留一段时间才上楼。一般停留十分钟到半小时,这段时间我在干什么?我是在梳理这一天的工作和思绪,把自己从工作的状态中抽离出来,转换成妻子、妈妈的角色。

很多事业型的人,无论男女都是这样,会给自己一个调节情绪和转换角色的时间和空间,不会将太多工作时的情绪带到家里。如果就因为这半个小时而被扣上出轨、变心的帽子,然后被大做文章,那无论是谁都很难接受。所以,网上很多"毒鸡汤""标题党"是在挑起婚姻矛盾,大家在看的时候一定要擦亮眼睛。

2. 过于依赖伴侣

过于依赖伴侣的女人，意识不到伴侣是一个独立的人。她们会把自己的需求投射到对方身上，而不会站在对方的角度考虑对方的需求。稳定的婚姻本身是一种价值互换，你要想想你能给对方带来什么，而且你付出的是不是对方需要的。否则你觉得自己在付出，而对方觉得很有压力。

我在做心理咨询的时候，发现了一个婚姻不幸福的女人的通病——觉得自己付出了很多，伴侣却不领情。这种情况的根本原因是，你给的都是你想要给的，而不是对方想要的。就好比你和你伴侣在沙漠里，他口渴，想喝一瓶水，你却直接给了他一块面包，看似是怕他饿，实际付出是无效的。自我感动式付出是一件可怕的事情，如果你有这个习惯请尽快改掉。

3. 婚姻中没有底线

有的女人在婚姻中过分让步，过分降低自己的位置，甚至失去自我。如果伴侣对你不好，动不动就大吼大叫，你选择原谅他；如果他一心扑在外面，对你和孩子不管不顾，你选择睁一只眼闭一只眼，继续做"保姆"……这样会让他以为你没有底线，而变本加厉。有趣的是，很多在婚前性子活泼、脾气火暴的女性，在婚后却变成了怎么欺负都不走的、没有底线的受气包。说到底，这些女性都缺乏正确的婚姻观和爱情观，以顺应对待不公，以忍耐回应伤害，结果伤害她们最深的人就是她们一手培养起来的。

 1% 法则

良好的婚姻观

良好的婚姻观包含以下五点内容：

1. 婚姻不等于恋爱

恋爱追求的是浪漫，是快活，两个人在一起开开心心就行了。可婚姻是生活，是现实，是柴米油盐、养老育小、家庭事务、人情往来。凡是以恋爱的方式过婚姻生活的人，没有不失败的，激情和浪漫只是偶尔的调剂品，细水长流的平淡才是婚姻的常态。

2. 允许适当存在秘密

有的女人单纯地认为，婚姻中的两个人是没有秘密的。但事实上，一切的分享都分时间和场合，一些保留也是为自己和对方留有余地。以下这三个秘密建议你保守：

（1）自己原生家庭的伤痛

我之前有一个学员，她的原生家庭不是很幸福，父亲嗜赌成瘾，母亲重男轻女，偏心于她的弟弟。她在结婚后以为终于找到了避风港，就把这些年的心里话都倾诉给了伴侣，当时感觉如释重负。但没想到有一次她和伴侣吵架时，她口中所有不幸的经历都变成了伴侣嘴里的刀子，剖开她的伤口后又狠狠地撒了一把盐。所以，最好不要和伴侣过多地讲述自己原生家庭

的伤痛。

（2）伴侣的家庭隐私

不要将伴侣的家庭隐私过多分享给外人，或多位朋友。男性容易好面子，当你口若悬河、津津乐道地和街坊四邻谈论他的家庭私事，他会认为你是一个长舌妇，从而厌恶你。人前给对方留份体面，人后对方才给你留份尊重。

（3）自己的黑历史

你干过的坏事、出过的糗事容易让他把你看低。虽说夫妻之间可以坦诚相见，但是坦诚的内容应该是现在和将来，用好的关系内容给双方以滋养。

3. 用感性表达爱情，用理性经营婚姻

如何理性地经营婚姻？这里也给出三点建议。

（1）给他安全感

虽然现代人的婚姻大多数是从爱情开始，但爱情未必能让婚姻一直延续下去，爱情无法给你安全感。很多女人喜欢通过控制对方来获得安全感，认为把伴侣拴在身边就高枕无忧了。这更是讽刺，你可以拴住一个人的身体，却无法拴住他的心。那么安全感应该从哪里来呢？从你自己，把自己当作靠山。正如老板不想让员工离职时，相比于PUA员工，给他升职加薪的空间、提高他跳槽的机会成本更容易留住他一样，你应该尝试提升自己的价值，从而拉高对方犯错的成本。这样你就掌握了主动权，给自己安全感的同时也间接地给了对方安全感，对方才不可能轻易地离开你。以这样的安全感作为基础，你才能建

立高质量的婚姻。

（2）精神独立

女性在婚姻中除了要有一定的经济独立，更重要的是精神独立。如果一个女人自己的日子都过得一塌糊涂，那么她跟谁结婚都过不好，就算尝试五次八次也还是一样。一个精神独立、情绪独立的女主人，对于一个家庭来说是定海神针一般的存在。所以，女人不依赖、不攀附、精神独立，才能真正地享受婚姻。

（3）把老公当成合伙人

如果没有选对伴侣，两个人不能一起合作，只会互相拖后腿，那么日子是很难过的。恋爱、婚姻、家庭是三件截然不同的事情，如果你只把伴侣当作搭伙过日子的人，那么生活肯定是一地鸡毛；但如果你们为了同一个家庭目标携手共进，合理分工，就不会为鸡毛蒜皮的小事而闹翻。当你和伴侣在生活中发生冲突时，请尽快地回归初心，以家庭的共同利益为基准来解决。

4. 世界上既没有完美的婚姻，也没有完美的男人

（1）无论和谁结婚都有后悔的时候

女人在婚姻中都会有对伴侣不满的时候，有钱的男人没时间陪伴，有时间的男人赚钱能力差；长得帅的男人面临的诱惑多，长得丑的男人又看不上；老实的男人木讷无趣，太有趣的男人又会嫌他花言巧语。其实，那些婚姻幸福的女人并不是找了一个多么完美的男人，而是她选择看到那个男人好的一面，包容他不好的一面。

（2）无论和谁结婚本质上都是在和自己过日子

有人可能会说："这不是瞎说吗？我和自己过日子的话干吗要结婚？"很多时候，即使是最亲密的人，也不一定理解你的追求、梦想和快乐。你就算已经结婚了，很多事情仍需要自己去争取和解决。向我咨询的很多婚姻不幸福的女人说，她们觉得疲惫、不幸福的原因是认为伴侣应该永远和自己一样，两人要完全地心往一处想、劲往一处使，有一丁点儿不合心意她们就暴跳如雷。她们总想着改变伴侣，结果两败俱伤。事实上，那些婚姻幸福的女人与伴侣只有30%的共同点，夫妻两人各自努力、各自优秀，这样就足够了。人无完人，试着接受对方的小缺陷，相互磨合，才能创造好的婚姻。

5. 学会爱自己

很多女性在结婚或当了妈妈以后，会把自己在家庭中的排位放得很后，认为老公和孩子都比自己重要。但我认为，对女人来说，家庭中的地位排序应该是这样的：自己＞老公＞孩子。孩子要的并不是完美的妈妈，而是快乐的妈妈。

例如，当我工作了一天，回到家里已经很疲惫了，有时会去冥想室待一会儿。如果我的老公想和我聊天，或者女儿想让我陪她玩，我就会让他们稍微等我一会儿，我休息好了再来陪他们。否则我陪他们的这段时间将毫无意义，对方也会直接感受到我的疲惫。女人要在婚姻中学会爱自己，不要因为结了婚、生了孩子就放弃自己真正热爱的东西，否则到头来很可能只感动了自己。

 1% 法则

"三多三少"准则

幸福婚姻观除了以上五点,我还准备了一套"三多三少"实践准则,让你可以更快地从生活中行动起来。

1. 多温柔

你的性格可以是豪爽的、大大咧咧的,声音也可以是粗犷的,但请允许你骨子里保留一份温柔。我自己就是这样的人。很多人看我留着短发,形象总是干练、清爽的,讲话的语速很快,就觉得我一定是一个强势的人。那是因为我的思维逻辑很强,且要在最短的时间里让听众听到更多的干货内容。但我在我的老公面前是温柔的,讲话的时候会适当地慢下来。温柔体现了女性强大的自控力,这样的女人往往能巧妙地经营好自己的婚姻。

2. 多留空间

尊重伴侣的隐私,适当给他留一些私人空间;尊重对方的爱好,即使自己不理解也不要明里暗里地嫌弃。很多婚姻就终结在令人窒息的掌控欲上。爱不是一天到晚地盯着对方,你不是警察,你的伴侣也不是罪犯。心理学中有个名词叫"刺猬效应",说刺猬在天冷的时候,相互抱团取暖,但会保持一定距离,避免互相刺伤。当你给自己和爱人留出一定的空间,就会

让距离产生美。

3. 多沟通和赞美

赞美别人是一种气度、一种发现，而赞美爱人是一种智慧、一种理解。婚姻中少不了沟通和赞美，两个人有交流才有了解，有了解才有更深的爱。双方在交流的过程中必然会有争执的可能，但这并不是坏事。暴露矛盾，解决矛盾，比掩盖矛盾更有利于婚姻的和谐。

很多夫妻因为缺乏分享欲和沟通而让关系陷入了僵局，沉默是逃避问题，不是解决问题。如果你的婚姻中有这个情况，不妨从今天开始，每天多花一点儿时间来和他交流，无论是闲话、笑话，还是情话、气话都行，你说，他听，或者他说，你听。

讲完了"三多"，再来说"三少"。

4. 少猜疑

夫妻间的猜疑就像一道裂纹，即使暂时被琐事所掩盖，但有一天量变形成质变，婚姻就会走向破裂。我看到过很多因为猜疑而导致的乌龙事件，其中印象深刻的一个例子就是一位女性发现老公的支付宝账单里有一条宾馆的消费记录，于是吵着闹着要和他离婚。她在心里构思好了一出老公有婚外情的大戏，断定老公是一个抛妻弃子的大"渣男"。结果事实是她的老公在宾馆旁边的饭店吃饭时，饭店的POS机坏了，饭店借用了附近宾馆的POS机，才导致他有这样一条消费记录。

我举这个例子是想说，婚姻中，很多女性的纠结、焦虑都是来自猜疑和推测。建议你在遇到这类情况时，以证据为准绳，也可以直接问对方，不要给自己平添烦恼。

5. 少冷战

有研究表明，夫妻之间如果冷战超过三个月，离婚的概率会增至67%以上。很多人也知道冷战不好，可不知道该怎么做。冷战分为两种：

（1）对方不善言谈

有的伴侣嘴巴比较笨，当他发现和你吵架时自己说得越多错得越多，就干脆闭上嘴巴，惹不起你但躲得起。对于这种男人，你需要平和地给他表达的环境，不要打断他的话，让他说出内心的压抑。如果你自己的情绪特别激动，那就先冷静一下、调整好再去沟通，这样对方就会觉得可以和你讲得通，也敢于说真话，你们之间的沟通就会顺畅很多。

（2）对方拒绝沟通

当伴侣在内心压抑了很多情绪，觉得和你的沟通已经到尽头了，就会对你特别冷淡，甚至你给他台阶他都不愿意下。这种情况比较难处理，你可以尝试注意力转移法，从关注事情转换到关注人，也就是关心他的情绪。很多婚姻出现冷战危机是因为两个人平时把焦点放在了对方的思想和行为上，永远在讲道理、谈对错，从不去关注对方的感受和情绪。比如，你的伴侣最近总是回家很晚，你觉得他不关注家庭而对他发脾气，他也发了脾气，然后你们两个人冷战了。也许他是想在这几年把更多的注意力放在事业上，给你和孩子更好的生活；也许他在外界遇到了难以解决的麻烦。在这件事情上，你关注的是行为，而他希望回到家里有人理解、缓解他的压力。所以，以后当你和伴侣吵架时，可以转移一下注意力，看看能否探寻到情绪背后的故事，换一个角度，或许就能避免争吵和冷战。

6. 少翻旧账

婚姻的职责不是长久相爱，而是克服彼此的厌倦。再美好的感情也经不起那些陈年往事的反复折腾，翻旧账唯一的作用就是揭开伤疤，增加对方的心理负担。一吵架就翻旧账无疑是激化矛盾，这样架是吵不完的。聪明的女人懂得适可而止，过去的事就让它尘封在记忆里。伴侣间最好的状态是："风风雨雨一起走，大起大落不放手。"贫穷时感激相伴，富贵时珍惜分享。

最后，以我喜欢的一句话来总结，好的亲密关系是："以信任之心，不限制对方的自由；以珍惜之心，不滥用自己的自由。知足而坚定，信任且包容。"在好的关系中疗愈自己，也培养对方，这就是超强的幸福力。

 1% 法则

女人贵气的七个原则

许多女人在结婚之后慢慢地成为丈夫的影子,围着丈夫转,失去了自我,也找不到属于自己的人生价值。

我认为在婚姻中,"你贵,男人才会觉得你更有价值"。工具都是越磨越亮、越磨越锋利,放置太久只会生锈,最后变得一文不值。所以,女人在婚姻中不能"生锈",而是要让自己变得贵气,男人就会觉得你有价值,自然会高看你几分,对你也会更好。

提到"贵气",有人会联想到19世纪英国上流社会中那些衣着华丽、仪态万方的贵妇。她们过着奢华的日子,住在富丽堂皇的房子里,言谈举止都透露着文化造诣以及对事物的深刻见解。但是,法国作家福楼拜指出:"一个有贵气的女人,不是生来就是个贵族,而是直到老去依然保持贵族般的风采与尊严。"真正的高贵不在于显赫的出身,或者用钱撑出的花架子,而是取决于这个人为人处世的方式,是在日积月累中慢慢熏陶而来。

那么，如何成为一个有贵气的女人呢？我提炼出了七个原则。

体态自律

米开朗琪罗说过："一个体态匀称的人，能给人端庄、优雅、圣洁的感觉。"有贵气的女人会注重自己的身材和体态。

在我的俱乐部有一个学员，她曾经在人群中非常出众，不但长得精致耐看，而且善于管理自己的体态。但她自从结婚生子，做起全职宝妈后，身材逐渐地走样，发胖不说，甚至还驼背。虽然家里请了保姆，但是她不放心把孩子交给别人，所以和有关孩子的一切事情都是自己来做。她的老公经常加班，很晚才回来，休息日也很少在家。他们之间的交流越来越少，她觉得老公对她的态度发生了改变。有一次，我在俱乐部偶然看到她，她憔悴不堪，与之前判若两人。

我把她带到镜子前，让她好好看看自己。她看着不修边幅的自己，突然发现原来那个爱美的她早已被生活弄丢了。于是她下定决心，开始改变，在孩子睡觉的时候开始练习瑜伽减肥，平时忙里偷闲，学习烹饪，自制减脂餐，每天利用零碎的时间练习站姿纠正体态，重拾以前那个严格自律的自己。经过半年的体态管理，她减掉了身上的赘肉，原本匀称的身材回来了，整个人也更加有精神、有活力。曾经她怀疑老公对她的态度发生了改变，但是现在夫妻俩恩爱有加，生活也不再是一地鸡毛。

"女人不对自己狠,生活就会对她狠。"如果生活遇到困境,也许是你放松了对自己的要求。能狠下心来管理好身材的女人,一定能管理好人生,生活的阻碍也会绕道而行。所以,严格要求自己,提醒自己追寻更好的生活,是一种基本的修养。

忠于内心

内心自主,方得自由。我有一个朋友,她的家庭条件优越,老公是上市公司的副总。一般女人若有她这样的条件,可能会安心做家庭主妇,但是她在生活上和精神上都很独立。她听从自己的内心,开了一家工作室,并且坚持自己的生活方式,做自己想做的事情。她可以心无旁骛地工作,也可以随心所欲地走走停停,听听演唱会,看看风景。不认识她的人或许会认为她不顾家,家庭不幸福,但实际上她和她的老公非常恩爱,家庭非常幸福美满。她曾经说过这样一句话:"女人要坚持自己的思考。夫妻之间要互不干涉,又不谋而合。"

我很喜欢毛姆的小说《面纱》中对女孩的寄望:成为一个不依附于他人、自立自强、忠于自己的人。人生短暂,何不活成自己喜欢的模样?活得更本色、更潇洒一点儿,才不枉来人间一趟。家庭生活中,伴侣之间的热情会渐渐褪去。女人只有清醒独立,坚持听从自己内心的声音,才会与贵气不期而遇。

对事尽力

有"经营之神"之称的松下电器创始人松下幸之助曾言:"尽力而为比成败更重要。"有的人尽力是做做样子,有的人尽力是出于责任,还有的人是出于热爱。

之前一位湖南阿姨的新闻被很多的网友点赞,还得到了《人民日报》的点名表扬。这位阿姨名叫李元二,在湖南的一家菜市场里卖菜。为了鼓励年轻人下厨吃到更健康的饭菜,李阿姨走了一条不同寻常的卖菜之路,自创了"一周菜单",卖菜的方式和每天的菜品不重样。她会根据顾客的需求,把菜洗好、切好、搭配好,顾客只需要回家炒一下就可以吃了。考虑到有的顾客不会做饭,她还附赠了每道菜的烹饪技巧,放什么调料、放多少、炒多长时间都标注得清清楚楚。有的顾客想要减肥,她就多搭配一些蔬菜,让食材更丰富、也更健康。李阿姨定制的菜谱简单家常、营养均衡,让人觉得特别亲切,很多网友自嘲,连亲妈都做不到这样。

我很欣赏李阿姨做事认真、尽力的态度,正是这种全力以赴的态度让平凡的她做出了不平凡的事情。富兰克林说过:"尽力做好一件事,实乃人生之首务。"做事的态度远比成败更重要,让人感到靠谱、放心的能力便是一种"贵气"。

 1% 法则

腹有诗书

当代人注重教育,厚积薄发,用知识来提升人格底蕴。作家莫言说过:"任何一个梦想都有可能因为读书而实现,而实现一个梦想也必须借助阅读经典来实现。"所以就有这样一句话:"女人真正的魅力是内在的修养,通过读书培养一种区别于他人的品位。"

读书是让人变得开阔的过程,一个饱读诗书的人会散发出由内而外的气质,这比任何华丽的外表修饰都要来得真实。因为这气质会显露在你的胸襟、谈吐和生活的方方面面,灵魂也会跟着优雅起来。人生没有白走的路,没有白读的书,你触碰过的那些文字会丰富你对世界的认识,他人的发现、经验和方法也能帮你少走许多弯路。

如今书籍便宜,但不意味着知识廉价。读书虽然不一定让你功成名就、前程似锦,但能让你说话有道理,做事有余地,出言有尺度;或许不能解决眼下的难题,但会给你冲破困难的力量。读书和赚钱是人生两个向度的修行,前者让人不惑,后者让人有尊严,所以女性不妨多读书、多赚钱。有些年轻女孩只在乎样貌,觉得长得漂亮就行,将来可以嫁个有钱人;但美丽的容颜靠不住,只有知识才能让你变得更优秀、精神更富足,才能吸引更加优秀的人与你并肩作战。

行万里路

行万里路有时比读万卷书更能给人以更大的成长。教育心理学家李玫瑾曾说,从小闯社会的流浪儿比温室里长大的大学生更会识别人心,生存能力也更强。旅行便是将我们从舒适圈中抽离出来,见识到信息茧房之外的人群和生活方式。它不仅是想象中"一个背包、一部相机,说走就走"的远方,也是时间、资金、装备、交通、食宿、旅友等多方面的切实规划。我很赞同"旅行是女人最大的投资"这个观点,经常旅行的女人视野非常开阔,内心非常丰盈且自立自强。

在节目《奇遇人生》里,六位嘉宾一起去北极淘金。在旅行的过程中,他们遇到了很多困难,其中超模刘雯晕船晕得厉害,不断呕吐。她没有寻求他人的安慰,而是不停地说"抱歉",认为自己是个麻烦。在身体极不舒服的情况下,刘雯第一时间想到的是帮助别人,她的身上完全没有明星架子、不矫情。她经历了生活的磨难,却依然自立自强,不会显示优越感,所以获得了很多人的喜欢。

谁的生活中没有委屈?谁没有受过伤害?但是我们在这个世界上,不可能一直有依靠,在最无助的时候也要学会一个人安然度过。有一句话说得好:"眼界决定境界。"当你看遍了世界上的大起大落,还有什么事情不能释怀呢?

每次旅行都是一段新的故事,当你去的地方多了,人生道

路上的故事也就多了，回顾人生时会发现生命如此多姿多彩。所以，女人一定要爱上旅行，旅行虽然无法延伸生命的长度，但可以拓展生命的宽度。

保持乐观

自带贵气的女人对待生活是积极乐观的，遇到大事坏事不轻易掉眼泪。她们对矛盾有很强的兼容能力，同时保持一种淡定的幽默感。在极端痛苦的情况下，她们会放开地大哭一场，然后重新振作起来，绝不会自暴自弃。

她们还会用这种正能量去感染身边的人，让他们也积极乐观地去面对生活中的每一件难事。人生不可能一帆风顺，不如意之事十有八九，倘若你一遇到困难，只会抱怨、堕落，那永远都不会得到幸福。学会看开一些，你的生活就不会太差，好人缘也会纷至沓来。

提升衣品

为什么说"人靠衣装马靠鞍"？因为衣着展现的是一种态度，一种性格，甚至一种身份的认同。从心理学上说，是对自我和他人的心理暗示。除了诗书带来的气质，服装也是为女性锦上添花的一种方式。

对于有一定社会阅历的女人来说，着装之美在于简约、舒适、大方。要想达到这些要求，服装的款式、色彩以及搭配应该环环相扣。以下三个穿衣原则可以让你在举手投足间散发出韵味和贵气。

1. 简洁款式有质感

服装的款式需要简洁、舒身，不紧绷也不邋遢，才能打造出自在感。对于中年女性来说，设计简洁、松紧有度、质感极佳的服装是首选，也最能体现女性的气韵。

2. 基础底色加叠穿

女性的服饰应该让眼睛舒服，底色可以选择经典百搭的黑白灰、简单舒适的大地色，或高级低调的莫兰迪色。在底色的基础上，有技巧的搭配可以为服装的整体感觉加分，最重要的技巧是叠穿和色彩搭配。

关于叠穿，可以采用我们常用的"三明治"穿法：高领衫＋衬衫＋外套。其中关键的一点，是露出最里面内搭的边缘。关于色彩搭配，可以采用同色系（同一种颜色或者不同深浅的颜色）或一点儿亮色（全身素色加一点儿亮色）的搭配，这是最高级也最简单的色彩搭配法。

3. 巧用配饰增亮点

有时配饰是穿搭的灵魂，千万不能忽略。有贵气的女人出席宴会或邀约时，珍珠、金饰是首选，但宜简不宜繁。

 1% 法则

真正有魅力的女人对美的追求从不止步于穿漂亮的衣服,而是内外兼修。对"内",你需要听从内心,坚持自我;对事尽力,做到力所能及;享受阅读和旅行,丰盈阅历;并且保持积极向上的生活态度。对"外",你需要注重体态,保持自律和健康,展现气质,用有品位的穿着锦上添花。

希望大家越活越贵气,不断增加自身的魅力,走向更完美的自己。

提升幸福感的八件小事

幸福无须轰轰烈烈,也不必苛求完美。它藏在生活的点点滴滴,当你用认真的态度生活,便会与它不期而遇。

幸福力是幸福人生的原动力,也是一种可以后天提高的能力。那么该如何提高它呢?以下八件小事帮助你提升幸福感,让你爱上生活。

学会断舍离

断舍离是一个老生常谈的话题,但我们常常"断不掉""舍不得""离不开"。断舍离的对象不仅是物品,还有情绪、关系等。

1. 削减计划

有时候你想做的事情很多,有很多计划。但时间和精力是

有限的,如果什么都想做,可能最后什么都没做好。所以,你要学会对一些次要的计划进行舍弃,或降低它们的优先级,留下那些真正要做的就够了。人无法承受住太多计划,一定要在有限的时间里做更有意义的事情。

2. 整理事物

清理生活中无用的物品。比如,把衣柜里长时间不穿的衣服捐给需要的人,把手机里占满内存的照片转移到网盘,把平时用不到的小物件收纳起来或者丢弃。这些看似是整理物品,实则是整理内心。当你所处的环境是干净、舒服的,你的心情自然是明朗的。

收拾房间,也是为了提高做事效率和休息效率。当你准备做一件事时,满桌的东西乱七八糟、碍手碍脚,找到需要的东西都得花老长时间,更别说被不相干的东西分散注意力了。那么,你可能要用比预料中多几倍的时间来完成这件事,效率大打折扣。

有人曾说过:"你的房间的样子就是你对生活的态度。"有调查显示,窗明几净、井然有序的房间,居住的人往往幸福感强;杂乱无章的房间会影响人的情绪,居住的人往往幸福感弱。所以,请你每个星期至少给家里做一次大扫除,舍弃多余的废物,将新旧物品整理归类。

3. 清零思维

我们日常中难免会被各种琐碎问题所消耗,失去对生活的热情。当你处在焦虑、压抑、焦躁等负面状态中，会觉得做什么都没劲。这时你应该与负能量断舍离，丢掉烦躁和焦虑，丢掉对未来的担忧，丢掉对过去的执念。清零思维包括：

（1）让坏情绪清零

你可以通过散步、和朋友逛街、看搞笑视频转移注意力，慢慢清除负面情绪。或者通过把情绪记录下来，加以总结复盘的方式，让坏情绪清零。

（2）让差劲的人际关系清零

很多时候你不开心、不舒服，可能是遇到了气场不和或者很糟糕的人。你只有下决心远离这些人，才能遇见更好的人。所以，请及时和那些无理取闹、爱占便宜、人品低劣的人绝交，划清界限。一切不良关系清零，才有机会重获幸福。

（3）让认知清零，保持"空杯心态"

你之所以烦恼，也可能是因为认知不足。这时需要将自己"归零"，通过看书、听名人的演讲和课程、向生活中优秀的人学习，找到适合自己的方法论，并活学活用。当你的认知有了阶段性的提升，以前困扰你的问题便会迎刃而解。

当你学会断舍离，就会发现生活处处别有洞天，幸福就围绕在你身边。

坚持运动

人生不是百米冲刺，而是一场马拉松，需要比拼的是健

康的体魄。保持健康的最好方法则是运动。运动也许不会给你立竿见影的效果，但若能持之以恒，一定会收获意想不到的改变。俗话说："饭后百步走，活到九十九。"如果你短时间内接受不了剧烈运动，可以从最基础的慢走做起。

处于亚健康状态的都市白领和创业者需要多喝水、多运动，避免久坐。有时间的可以去健身房，在教练的指导下科学、系统地健身；没时间的也可以爬爬楼梯，到楼下或公园里跑上几圈。待在家中的宝妈可以准备一张瑜伽垫，每天抽半个小时做一些舒缓的运动，既锻炼身体，也陶冶情操。战胜惰性定期锻炼，不仅让你拥有健康的体质，也会磨炼你的意志，让你感受到每一天的活力和充实。

学习技能

很多时候幸福来源于你做了一件很有成就感的事情。比如，在擅长的领域里取得了成绩，或者在不擅长的领域里克服了困难。所以，学习一个新技能，或将技能不断精进是很重要的。

很多人在社交平台上搜索烹饪教程，学会了做饭，喂饱自己的同时还变着花样地给家人做凉皮、蒸馒头，这时会有强烈的幸福感。还有一些人尝试做一些手工艺品，如香薰蜡烛、陶瓷摆件，利用这些小技能做起副业，赚到了不少零花钱。

人需要终身学习。善于学习的人会不断扩充技能库，让自己越来越优秀。从学习中获得的愉悦会一点一滴积累起来，由小小的幸福变成大大的幸福。

培养爱好

相比于技能，兴趣爱好不用那么功利性。你可以选择一项乐于坚持的爱好来培养，比如画画、书法、钓鱼、跳舞。它让你在学习过程中修身养性，给忙碌的生活中添一份轻松自在。哪怕在外人看起来毫无意义，但只要你的兴趣爱好能够疗愈心灵，就是值得的，所以请认真对待它。当你沉浸其中时，会感到怡然自得，生活也会因此变得有声有色。

女性往往离不开相夫教子、洗衣做饭、收拾家务，所以拥有一项让你感到专注并忘记烦心琐事的兴趣爱好是无比幸福的。积极的爱好会为你筑造一个宁静美好的独立空间，让你在疲惫的时候放松下来。

奖励自己

学会奖励自己，让学习或工作更有动力。你需要在完成目标的路上，给自己设置一些小奖励，可以是一件精美的首饰、一束盛放的鲜花、一个心仪的包或一顿丰盛的大餐。

以我自己为例，虽然我现在什么都不缺，但仍会时常给自

己一些奖励。例如，当我今天谈成了一个优质的客户，就会买一些小东西犒劳一下自己。我并不缺少这一件东西，但收到奖励时心底生出的那份幸福感是最宝贵的。学会犒劳自己，才能事半功倍。它既是对自己的肯定，也是缓解生活压力的方式，在带来愉悦和满足的同时，激励自己更好地走上下一段旅程。

不把手机带上床

你是否有熬夜的习惯？是否明知熬夜不好，却改不掉？

这有多种原因，排除病理性和夜间工作的因素，可能80%的人熬夜都有一个原因——睡前玩手机。数字信息时代，电子产品给我们带来便捷丰富的娱乐方式，同时也在影响我们的休息和健康。我之前看到这样一句话："不把手机带上床，相当于砸掉熬夜的承重墙。"

大部分人的自制力是很差的，他们可能为了追一部剧，凌晨四五点才睡觉；为了看到小说的结局，直接熬个通宵。如果你喜欢带手机上床，睡眠时间只会越来越短，长此以往休息质量肯定得不到保证。专家研究显示，一个人如果长期睡眠不足，即每晚少于六个小时，那么大脑的反应速度会降低。最明显的表现就是白天无精打采，甚至还会出现各种疾病，影响身体健康。

你不妨从今晚开始，试着不拿手机上床睡觉，你的熬夜恶习可能会慢慢消失。在这里提供两点建议：

1. 用闹钟代替手机

很多人在半梦半醒间打开手机，本来只是想看一眼时间，结果被推送的新闻吸引了，点进去看了半个小时。结果困意全无，又拿起手机刷了好几个小时，第二天只能带着两个黑眼圈出门。建议你买个闹钟，夜里需要看时间就看闹钟。闹钟不会散发刺眼的光线，也不会"勾引"你没完没了地玩手机。

2. 用书籍代替手机

手机是睡眠杀手，看书是睡眠助手。睡前读物有讲究，如果睡前看小说，你只会越熬越晚。你需要选知识量略超出你的认知的书籍，这样有两种结果：一种是你看几页就想睡觉了；另一种是通过日积月累的睡前阅读，你在某个领域拥有不俗的知识量。这两个结果都是有益的。而纸质书相比电子书，更容易让你专注思考。

不带手机上床，你的时间由自己掌握；带手机上床，你的时间由手机掌握。在睡前半个小时远离电子产品，把休息、健康、自律和活力还给自己。你的精气神好了，持久的幸福感才会到来。

敢于拒绝

如果有人请你帮他做一件事，而你的内心非常不情愿，请

不要碍于面子答应他。否则，你在做这件事的过程中以及结束后都会不开心；同时，你的不情愿很可能把事情做不好，导致对方也不满意。

换一个角度想，我们对某些不合理的施与、建议或要求说"不"时，其实就是对自己说"是"。我们要做让自己开心、有益的事，用真实的自己去收获真诚的关系。

学会冥想

研究表明，冥想虽然无法治愈某些严重的慢性精神失调，但对整理情绪和提升幸福感有许多明显的益处。它可以帮助你持久地控制情绪，可以培养你的慈悲心和提升你的专注力。你在每天睡前半个小时，也可以尝试冥想，你会发现，想正念，得正果。坚持疗愈自己的内心，你的幸福感也会慢慢提升。

> 幸福不取决于你目前拥有的东西，而是取决于你对它的定义。真正的幸福不会是你在路上突然捡来的，而是你通过认真生活体悟出来的。从每一件关怀自己的小事做起，给心灵安个家，它会还你一个"风雨不动安如山"的信念。

法则 6

1% 清醒力
从抉择到负责

你在社交中喜欢迎合他人吗?
为什么高情商是升职加薪利器?
高消费如何成为你的人生跳板?
你如何面对生命的终极问题?

法则 6　1% 清醒力

不喝酒的社交

"1%清醒力"法则，在这个信息爆炸、价值多元化、人际关系日趋复杂的时代格外重要。它的本质是厘清主要矛盾和次要矛盾，用1%的底层逻辑，消解99%的决策噪声。你需要能够分辨：哪些情绪是别人的，哪些疼痛是自己的，哪些评价是噪声，哪些忠告值得放进心里。

前五章谈了女性终身成长和修炼的一些方法，这一章分享我人生中印象深刻的几件事。很多时候一个人的改变，不是由于学了多少知识，而是因为在与人相处中那些心灵受到触动的时刻。

在生意场上，我父亲是一个不喝酒的人。他每一次接待领导的时候，自己都不喝酒。领导们劝他喝酒，他就说："哎哟，我配不上喝酒，我应该给领导倒酒。"我当时想，父亲为什么为了拿下生意赚钱，这样去拍马屁？

很多领导来我们家吃饭的时候，父亲一直是不抽烟、不喝酒的。他可以倒出一杯酒，从头到尾不喝，但还是把领导陪得高高兴兴的。因为他一道菜可以讲出一个故事，一杯酒可以讲

出一座城市来。

我们云南有一款酒,叫作"杨林肥酒",一个翠绿的玻璃瓶装的。它其实并不贵,二三十块钱一瓶。当时工地上的很多农民工就喜欢喝杨林肥酒。我父亲有次带着一帮工人到我家吃饭,工人说:"我们手上脚上都是泥巴。"

我父亲说:"没关系,不用换鞋,地板不就是用来踩的吗?饭桌不就是用来吃饭的吗?"他用那种挥洒自如的方式,让工人们坐在我家饭桌上吃饭,亲自给他们盛汤、夹菜,亲自和母亲一起下厨招待他们。

父亲的行为给我的感悟是:当你作为一个老板,除了要有向上社交的能力,跟那些商界、政界的大领导建立合作、拿下工程项目、签下合同;还要有向下兼容的能力,学会与你的下属、下线们打好关系。否则即使你的大合同签下来,谁来陪你去完成?

之后我在很多社交场合,当别人叫我喝酒时,我都是婉拒。有的人可能会觉得我很"端着",也有的人质疑:"明明你们云南人都是抬大碗喝的,为什么你在这个饭桌上就不喝?"但是我想到父亲的为人处世方式,知道我可以不喝酒,会说话、会倒酒,或者会炒菜,也可以把事情办好。

父亲的一个小举动,确实改变了我的一生,让我在创业打拼的道路上少走了许多弯路。聪明的社交是既不用做违心的事,也将关系维护到位,将目的传达到位。

情商比蛮干更重要

你的职业天花板是由学历或能力决定的吗?

基础专业能力固然重要,但决定你能否突破一些职场或社会层级,很多时候是靠与人交往的能力,也就是老生常谈的情商。

我们公司曾经有一个前台小姑娘,在短短三个月的时间华丽变身为我的股东。她有一个特点,就是情商极高。除了能给我提供情绪价值,还能陪同我去接待一些重要投资人和客户,并且接待得非常好。

刚开始注意到她,是因为她的韩系妆容化得很好。我问她:"阿陶,你的妆容怎么化得这么精致?"她说:"老板如果需要,我随时可以为老板效劳。"我说:"怎么个效劳,你来我家里帮我化?"她马上说:"没问题,几点钟?我明天开始就去给您化。"

我笑着说:"马屁拍得很好,但是你明天早上如果八点钟不到我家,就可以去人事那里辞职了。"

第二天早上七点四十分，她就到了我家楼下，给我发信息："老大，你家是哪幢几零几？你告诉我上去需要刷卡，要输入密码，还是刷脸？还是你叫个人下来接我一下？"当时我一个人在家，就穿着拖鞋和睡衣下去把她接上来。我问："可以持续几天呀？"

"只要老板需要，老板干到哪天，我就持续到哪天。"她连续给我化了一个星期的妆，当时我是连着三天讲课、两天有个大的交付、第六天有个活动，她都化得很不错。记得我在舞台上讲话，下来有观众说："庄老师这次的妆，感觉比之前年轻多了。"

于是她到我公司一个月，就被我升成我的助理。我说："你除了化妆，还会干什么？"她说："老板要我干吗我就干吗。反正我现在是一个小白，您叫我往东不会往西，您想怎么培养我就怎么培养。老大，您喜欢白纸吗？您能培养白纸吗？"

表达得很率直。老板难道不清楚员工心里在打什么算盘吗？说自己傻的人怎么会真的傻？但是打败智者最好的方法就是"愚蠢"，甚至"愚蠢至极"，因为所有的智者都曾从"愚蠢"过来。既然她这么做了，我就该给她一个正向的反馈。

我说："好，那我就把你培养了，来做我的助理。能不能出差、喝酒？能不能开车？能不能加班、熬夜？能不能在下班以后还回老板的信息？"

她说全都可以。于是我直接叫实习期的她去签了调岗合同，工资给她翻了一倍。并承诺她做得好的话，三个月后还会涨薪。在那期间，我有位投资人，每次在我无法抽空陪同来时，都是阿陶去接待她，事事安排得很妥当。

三个月期限到的时候，发生了一件事。有一天，那位投资人跟我说："你们公司那个小姑娘，是很会来事的。我很喜欢她，特别灵活，我发现她还很有统筹能力。"我开玩笑说："当然了，我看中的人能不优秀吗？"没想到她是来挖墙脚的。她说："我有这样一个想法，你听一下啊，我接下来刚好有一个项目要新起盘，需要一个有情商的、机灵的，特别是有统筹能力的女孩。我在身边物色了一圈，没有谁比她还适合。这个事情我就跟你提一嘴，如果这个女孩你有别的安排，你当姐姐没有说过这句话；如果你没有什么重要的培养和安排，我觉得她在我这个项目上，应该可以赚不少钱。"然后接着说："这个女生我问过她了，你给她一万交五险，转正以后调到一万二；她去我那里，当项目总监，我直接给她一万五底薪，然后分红也给她留两个点，你这边股份我给你留十五个点。你看这样姐姐大不大方？"

后来阿陶便成为我的股东，在那位投资人的项目上她拿到2%的股份，我是15%的股份。

所以，在现代社会中，小到刚毕业的实习生，大到行业顶端的上层人物，谁没有情商？如果员工没有情商，怎么能在一个半月内得到我的喜欢，在三个月内得到投资人的青睐？如果投资人没有情商，怎么会这样与我沟通？她需要阿陶的人和我的资源，这样安排把我和我的人运用得淋漓尽致。

 1% 法则

　　为什么在职场中,高情商的人往往升职加薪最快?默默地做事并没有错,但错的是如果你不去表达,你的付出就不如会表达的人那样"被看见"。同样是从打杂助理做起的基层员工,有的人每天可能只会帮老板倒垃圾、拿快递、跑腿,等等,做了几年都没有起色。这样的人是用身体的勤奋,掩盖了脑袋的懒惰。

　　在这个世界上,如果你想要向上走,情商和表达能力一定是你的加分项。

先买车还是先买房

如果你有了二百万,你会选择先买车还是先买房?

当我在杭州赚了第一桶金时,第一选择不是买房。虽然那时凑一凑也够一套房子的首付了,但是我选择去提一辆埃尔法。为什么?当时在杭州这个电商之城,几乎所有的老板或网红都会配这样一辆保姆车,它是一种简单的门面。

我的助理曾提醒了我一句:"老大,我之前跟过一个大哥,他跟我讲过一句话:'今天你开埃尔法出去,别人不会认为你就只有一辆车,别人会认为你在车库里还有一辆欧陆GT,你可能还有一辆兰博基尼,最差也有一辆卡宴;但如果你今天开一辆十几万、二十几万的车子出去,别人会认为你就只有这一辆车。'"

我认同了这点,后来通过这辆装备和助理的介绍,认识了他的大哥及其爱人。他大哥的爱人后来还成为我们都市女性俱乐部的投资人之一,给我们平台投了六百多万现金,而那时才是我们第三次见面。这一辆车似乎改变了我整个公司的命运。

那么,改变我公司命运的,只是一辆车吗?实际上是因为我知道大人物们心中想要什么。那位投资人女士,虽然只见了我三次面,但是对我的印象很好。第一次我去时扮演了一个幽默、真诚的形象,她也很开朗,互相比较投缘。她说我去他们会所吃饭不端不装,既不像有的人特别唯唯诺诺、谨慎疏离,又不像有些人尽力巴结,想从别人身上得到什么。

我和她第二次约见,是在杭州一家酒店喝下午茶。她说:"你上一次跟我说你懂'家排'心理学。有时候我跟我们家老头子也有一些卡壳的点,你那天讲的是不是卡壳的点?"我解释说,人生是会有一些卡壳的点。然后我们闲聊了很多,她聊到她的事业历程、夫妻关系、家庭关系,聊她怎么从台前到幕后。她说上次见面时我让助理给她带了刚上新的草莓,又没有说任何目的,与别的去他们家会所吃饭的人不一样。我说:"怎么不一样?"她说:"没有攻击性吧。还有就是通过你的穿着,你看你也不是穿名牌。我刚开始创业的时候,是在四季青做服装批发的,我那时的审美就是时尚、简单、大方得体,我不追求名牌。我看你的穿着就是这样,但是你那个西裤应该是定制的。"我说:"嗯,姐,你真的是眼光独到。"她想表达的应该是,我在你身上看到了我年轻的模样,所以愿意单约你第二次。

后来我和那位投资人第三次见面,是参加他们家的家宴。她当时问了我一句:"这个车买时花不少钱吧?"我想着她是过来人,不妨坦诚点:"不瞒你说,其实当时考虑先买车还是买房,我在想要不要把银行卡里的积蓄取出来,把我公司还没有分的钱提前分出来,再凑一点儿,去买一个房子的首付。毕竟我在杭州是希望定居的,但是现在连一套房子都没有。"她说:"妹妹,不必,你这么做非常正确。因为现在的人都是势利眼,你这时候需要把你的形象走在能力前面。我原来卖衣服的时候,知道我为什么卖得很好吗?因为我提倡一个原则,'形象走在能力前面'。无论是自己还是店面,先打造一个有气质、有价值的形象。"

她接着说:"你买了这一辆车,你不知道可以拉到多少业务,谈成多少事情。但是如果你先买一套房,你会动不动就邀请别人去你家里做客吗?车子不一样,你今天去见什么样的人,跟他谈什么样的事情,当他的助理、司机或者他本人下来接你,这个是他看到你的第一印象,第一印象就是你在他心目中的第一个价码。他判定能给你这个人多大的单子,跟你合作多大的生意,实际上从见到你的第一眼就已经决定了50%。"

姜还是老的辣。对于处在事业上升期的人来说,高消费得看重潜在价值和长远价值。一辆汽车可能让你的订单滚滚而来,还会带你去到一个又一个不同的高净值圈子。不过,每个人选购资产的出发点不同,也需要结合自己的经济条件、财务规划、生活方式、重点需求等来做决定。

 1% 法则

父亲过世教会我成长

父亲的过世,让我有了很大的成长。如果当时我懂得什么是真正的死亡,一定不会选择让父亲最后的日子消耗在医院里。

他刚开始住院时,是因为腰椎间盘突出,说是"腰五骶一"。刚开始以为做完腰椎手术就好了。隔壁病房的人做完这个手术,正常恢复一个星期就出院了;但是我父亲住院了一个月,还不能回家。

后来父亲被转到康复科,肿瘤科的医生过来说:"某某某(父亲名),我建议到肿瘤科做一个骨穿刺,检查一下。"结果一查,不仅是癌症,而且癌细胞扩散。我拿到那个检查报告时,眼泪止不住地流下。很想大哭,但哭不出声。想着怎么电视剧中的情节,会发生在我家呢?

我拿着报告到那个主任的办公室,说:"医生,您能不能帮我看一下这个报告?我觉得是有问题的。我父亲怎么可能会有肿瘤?他是非常健康的。"主任冷冰冰地回复道:"你也

不要太难过。你父亲这个癌症是铁定的,这个报告是不可能出错的,而且现在癌症的发病率非常高。你也不要给自己太大的心理压力。"当时我就在想,这是给我自己心理压力吗?这是我父亲面临着可能马上要消失在这个世界上,消失在我的家庭中!我感觉天都塌了。

当我拿着病检报告,走到父亲病房门口时,把它折叠好塞进口袋里。背靠着病房门口,把自己的眼泪擦干了,才忍着心酸走进病房。母亲呆呆地看着我说:"你刚刚去哪里了?报告怎么说呀?"听她问起报告,我马上又开始流泪,赶紧转过身去背对着父亲。父亲问:"怎么哭得这么伤心?遇到什么不开心的事了?"我告诉他:"没事,每天看你打止痛针,心疼。"

他情绪稳定地跟我说:"傻孩子,这个世界上谁还没有生老病死呢?我的病无非就是有一天会离开这个世界而已。你不用难过,不管检查报告是什么结果,你不要给自己心理压力。"

当他说完,我看到他的眼角流下了一滴泪。那么坚强的一个男人,能够在病床上跟妻儿讲这么淡定的话。我当时就在想,什么是生命?什么是死亡?什么样的心境能让这么坚强一个男人,躺在病床上,对着妻子和孩子隐痛地流下一滴我从未见过的眼泪?

我拉着父亲的手说:"爸爸,没关系,不管你的检查报告是什么,不管你接下来会发生什么事情,我跟妈妈都陪着你一起面对。"母亲趴在病床上,从头哭到尾。我当时非常无助,不知道应该去安慰母亲,还是安慰父亲。那个时间点我不知道应该讲什么话,才能给病床上的我们一家带来一点点温暖。

还是父亲反过来拉着我的手,说:"你记住爸爸的一句话,人在这个世界上是一定会走向死亡的。你不要害怕死亡。也有可能是老天爷、上帝啊,那边的人手不够,需要帮忙。"听后我内心的震撼无与伦比,想着世界上怎么会有这样伟大和坚强的人,知道自己得癌症了,还能情绪稳定地反过来安慰我们。

那时我的心情无法用语言来形容,满脑子浮想联翩,想到可能明天父亲就要死掉了,又想到我们家的天塌了以后,我没有钱去养弟弟妹妹了。父亲拉着我的手给了我很深的印象,直到现在我的QQ空间里还存着一张我们拉手的照片。不是当时拍的,而是后来我想到父亲有一天会离开我,当他在病床上睡着后拉着他的手拍的。从2012年到2020年,这张照片一直用作我的手机屏保,直到结婚时才换掉。

父亲去世时间是2012年5月18日凌晨2点。他上吊在小区一楼的铁楼梯上。

我们拨打120时,他已经没有了呼吸。前一天白天,他曾挨个给自己的兄弟姐妹打电话,说病太久,没有出去走动,很想念大家,邀请大家到家里来坐坐。姑妈、大伯他们都来了后,他对他们说:"很感谢大家这段时间以来的鼓励、陪伴和照顾。病痛是难以抗拒的,我心里无时无刻不在和病痛作斗争。既然是斗争,必然会有输赢,现在的我已经快输了,因为心里已经没有继续斗争的能力了。"他口中的能力,是希望此生做一个正义的男人、合格的老公、合格的父亲。而此刻的他已经无能为力,每天除了花费家里的钱和时间,什么都做不了。

全家人异口同声地叫他别瞎想,好好吃饭和休息,早日康复。当天他和兄弟姐妹们说了很多话,前所未有地大哭、大笑、大吃。晚上亲人们离去后,他说今天特别高兴、特别轻松,全身也不痛了。睡觉前我和妈妈像往常一样给他按摩,他告诉我们:"今天不是那么疼痛,你们早点休息,明天再揉。"我和妈妈都特别开心,想着总算是慢慢好了起来。

后来才知道,等我们入睡以后,他吃了五十袋头痛粉、一整盒神经止痛药。因为他的腿已经痛得无法走路,只能靠药物和封闭针来控制,吃那么多药是为了站着离开。现在回想起来,他离开前应该给妈妈盖了被子,还推开我和妹妹的房门看了我们,把兜里唯一的一千五百三十七块钱掏出放在沙发上,然后拄着拐杖走出了家门。

这么多年来,我一直在想,生命如此脆弱,当年的父亲是以什么样的信念走向死亡?每逢夜深人静或独处的时候,我总会想起他枕下遗书里的那些叮嘱、希望和不舍。

为了给父亲看病,我们去了天津最好的医院、北京最好的医院、昆明最好的军区医院。家里的负债从十几万到五十几万,再到一百多万。他眼看负债源源不断地增多,钱像流水一样出去,看不见尽头。也许这是当时压死他的最后一根稻草,或者让他鼓足勇气亲自走向死亡的,是他觉得多活一天都是在拖累我们。

如果重来一次,我不会用当时的巨额欠款给父亲做放化

 1% 法则

疗,也不会让他在医院里躺半年的。我会用这些钱来陪他去旅行,去他想去的城市,去吃他想吃的东西,去穿他想穿的衣服,去探望他想探望的那些人。目前我们国家还比较缺少死亡教育。如果我当时懂得什么是真正的死亡,什么是生命的终止,我会选择陪着他度过最美好的余生,让他的生命能有一个不留遗憾的结尾。

正是这件事陪着我走到了今天,让我成为一个自信、优雅、有尊严的女人。每当我快活不下去的时候,就会提醒自己,每个人来到这个社会上都有属于自己的课题要做,每个人都有属于自己的使命。

你今天所经历的一切,都是你生命中必须经历的一切。

法则6　1% 清醒力

死亡教育是为了活得更好

我曾在两年之中，过世了五位至亲：父亲、外公、外婆、爷爷、大伯。我在两年之中，去了五次火化场，每一次去时的心境都不一样。

第一次是2012年，父亲离世。把他推到火化场，全部遗体收拾完，推进去等十五分钟。出来后，是一堆灰。进去时，殡仪服务员报："某某某（父亲名），家属可以推进来火化了"；火化出来后，他们报："某某某，家属过来认领骨灰"。

那时我感觉，生命是如此脆弱，在那一瞬间一个活生生的人就离开了你。你作为家人没有任何准备，是措手不及的，而哭泣、遗憾、委屈是那么微不足道。

之后亲人过世，我又连续去了四次火化场，都是同样的说辞。当那么大的一个人被推进炉子里烧完后，出来那么小的一个木盒子。骨灰盒也许你买了一千五百、五千元的，或者这个世界上最贵的，那个时候有什么用呢？

当你的至亲至爱离开这个世界，你抱着的那一堆灰尘只是一个心灵寄托。传统的中国教育中，没有给我们普及过亲人离世时，从心理上、情感上要如何应对。我们除了哭泣，除了给家人准备后事，就是措手不及，不知道如何来应对死亡。

我相信对每个人来说，一个或多个亲人的离开，带来的悲痛和冲击是非常绵长的。在好长一段时间，我都把自己封闭在房间里。一想起父亲，我就开始流泪，开始去储物柜里翻出父亲留给我的那封遗书。我每次看遗书时，都是憋着哭的，不敢让母亲看见我在哭，看见我在想念父亲，担心她以及弟弟妹妹跟着我一起伤心。但是，我更怕的是他们不伤心，怕我的家族成员都已经忘记了他，只有我一个人在伤心，这样我的悲伤就会显得特别尴尬。

每当人们提起死亡，这一段经历就会浮现在我的脑海中，对于我来说无疑是残忍的，但是也让我早早地明白了一些东西。比如，现在的我认为，人是需要经常去谈论死亡、思考死亡的，它会给我们的人生带来很多的好处，而非只有恐惧。再比如，当我陷入爱、别离、求不得等各种执念中时，我就会用死亡来破除这一切。你再爱的、再恨的、再嫉妒的人，到最后也不过是一抔黄土。大家都一样，都是要死亡的，都不过是历史的尘埃。

虽然说死亡是一个终极问题，但我们可以拿来作对比，去解决很多活着的问题。它帮助我们放下执念，活得更加开阔。当我这么一想，我的每一天都是白捡的，都是赚来的，怎么会不开心呢？怎么能不珍惜呢？当我想要对某个人发脾气或抱怨的时候，就会想，我和眼前这个人总有一天是要分开的，不因为别的，也会因为死亡。然后在宇宙漫长的亿万年间，我们再也不会相遇了。一想到这里，我就不会再有任何负面情绪，只想要抱住他，珍惜我们相处的每一天。

有时候我觉得，生命的意义可能就是死，所谓"向死而生"。在我心目中，把这四个字诠释得最好的人是庄子：鼓盆而歌，笑对生死。也许他那种高度我们终其一生都无法达到，但起码此时此刻能有所开悟，多一些勇气去面对，多珍惜当下的每一天。

所以，无论是女性朋友，还是男性朋友，当你陷入焦虑、迷茫、困顿，想不开一个问题时，不妨往生命上去想。当你想到每个人在这世界上终有一死，终会离开这个世界，那么当下的许多问题都变得不再是问题。

附 录
APPENDIX

▲ 云南昆明某五星级酒店实习，2009 年

我看见形形色色的有钱客人，有的趾高气扬，有的低调谦逊，给了我很大的触动。有一天在酒店大堂看到一位穿着打扮昂贵的客人，她在公众场合破口大骂，骂完孩子骂老公。她的老公一气之下在酒店大堂打了她一耳光。当时我感受到，如果一家人的情绪不稳定，有再多的钱财可能都会慢慢散尽。后来加上创业路上的所见所闻，我越来越坚信情绪稳定很重要。关于情绪力的感悟，记录在"法则1"一章中。

◀ 父亲癌症离世前，2012 年

父亲去世时，我的蓝天塌了。他留下一份遗书，让我不要有任何心理负担。但我作为家中长女，想要努力承担起家庭重任，将弟弟、妹妹抚养长大，也将妈妈照顾好。所以，同年我选择走上了创业的道路，详细事迹在"法则6"一章中提到。

附 录

▲ 第一次站在舞台，2015 年

去某企业论坛学习，第一次演讲时连自我介绍都不会。不懂即兴演讲，我的事业发展道路也很迷茫。但是我坚持学习，一直寻找机会，直到遇到一位天使投资人，给我投资了三百五十万元，我才成立了在杭州的第一家公司。通过这次成功，我发现拉投资主要依靠的不是多么高大上的PPT，而是创业者的个人魅力和表达能力。关于表达力的心得体会，我在"法则2"一章中有写到。

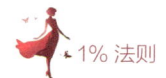

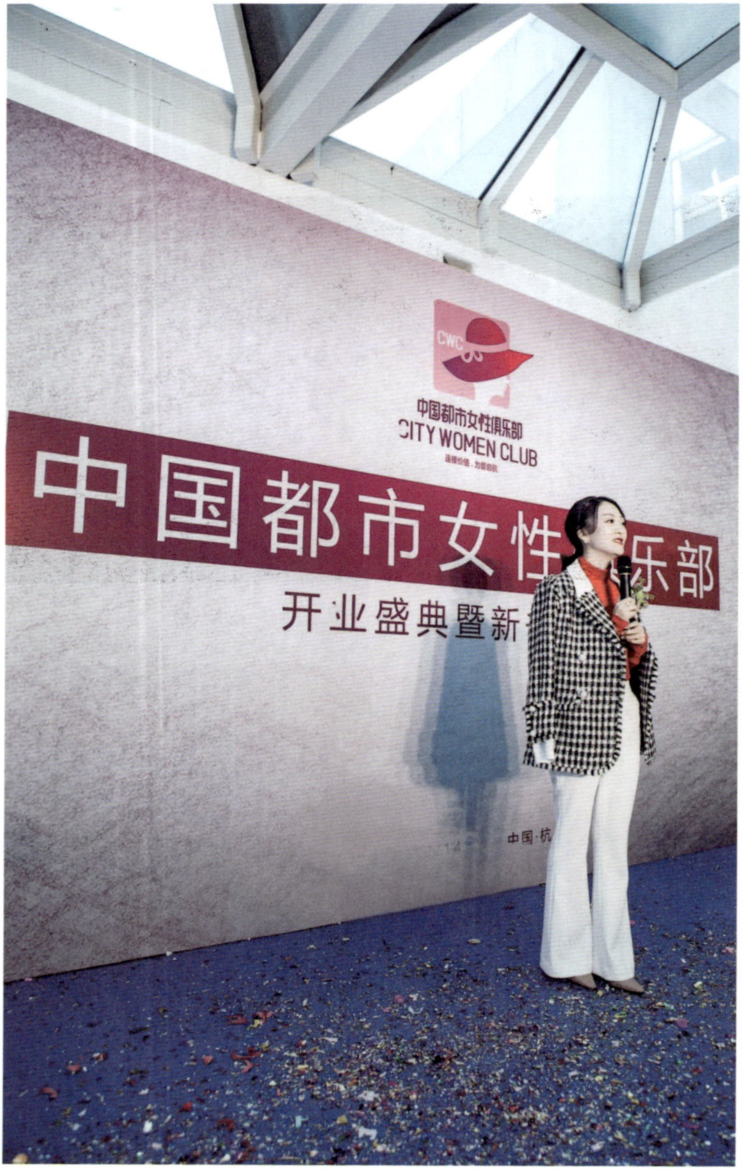
CWC
中国都市女性俱乐部
CITY WOMEN CLUB
中国都市女性
乐部
开业盛典暨新

附　录

◀ **创立中国都市女性俱乐部，2017 年**

这是我成立的一个较有影响力的女性成长平台。当时在杭州累积了一定的客户和贵人，很多女性朋友把我的平台当作女性心灵的后花园。每天和一群很有能量的女性交谈很开心，但我也时刻告诉自己：持续学习，持续进步。关于如何拥有高质量的情绪力，我写入了"法则1"一章中。

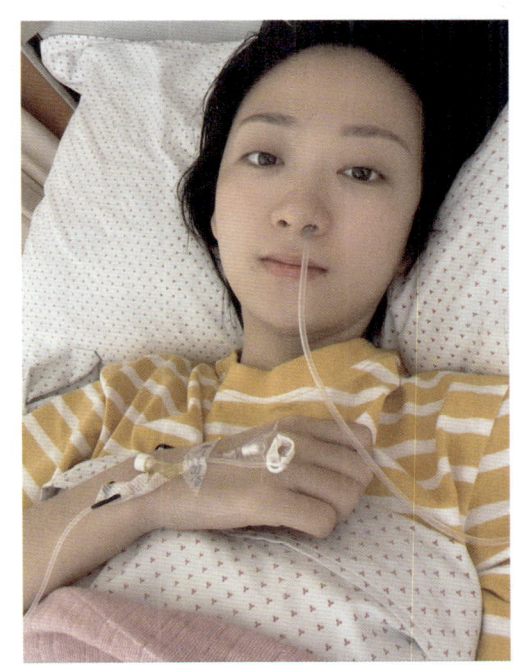

▶ **生病住院，2020 年**

我似乎没把自己身体照顾好，客户和朋友眼中的"女战士"倒了下来，住了整整两个月的院。那时我意识到，这个世界上没有所谓的"六边形战士"。

▲ 30 岁生日和妹妹，2021 年

当时事业下滑，因遇人不淑和认知不足，我遭遇了合伙困难、团队解散，一夜之间背负四千万负债，开始了无休止的打官司。很多人以为我会逃避，但我至今未曾换过手机号和微信号。其间很感谢我的爱人，我们虽因资金问题和事业发展问题冷战过很多次，但通过这一切考验后，我们的婚姻更加牢固了，也更懂得心疼彼此。我更感恩我的妹妹，她曾隔三岔五地用她的收入救济我。

附 录

▲ 打赢债务官司后的讲座，2022 年

四千万负债有了头绪，我追回了一部分投资款。同年我开始做自媒体，用七百一十五天的时间收获了全网五百万粉丝，课程和书籍的销量也在持续增加。这次东山再起后，我特别想通过自己的能力去帮助更多人遇见更好的自己。在这段大起大落的经历中，我在商业和管理上有了很深的感悟和思考，分享在"法则3"和"法则4"两章中。